中国地质调查成果 CGS 2017-049

内蒙古自治区矿产资源潜力评价成果系列丛书

内蒙古自治区镍矿资源潜力评价

NEIMENGGU ZIZHIQU NIEKUANG ZIYUAN QIANLI PINGJIA

韩宗庆　张玉清　柳永正　等著

内容简介

内蒙古自治区镍矿资源较为贫乏，已知矿床大型1处、中型3处，小型矿床或矿(化)点3处。矿体主要沿深大断裂带分布，以侵入岩体型为主。截至2010年，探明镍矿资源储量233 749t(金属量)。在全国"矿产资源潜力评价"总体规划的指导下，按照统一的工作流程和相关技术要求，充分运用现代矿产资源预测评价的理论方法和GIS评价技术，全面开展了内蒙古自治区镍矿资源潜力评价，为镍矿资源保障能力和勘查部署决策提供依据。

对亚干、达布逊等6个典型矿床进行了较为详细的分析和研究，建立了典型矿床与预测工作区的预测要素表及成矿模式图，在此基础上建立了预测工作区预测模型。选取10个预测工作区进行预测与评价，在预测过程中充分利用了地质、物探、化探、遥感、自然重砂等资料，运用地质体积法进行了镍矿资源量估算，预测镍矿总资源量为607 227t(金属量)，是已探明资源量的2.6倍。共圈定镍矿最小预测区91处，最大预测深度达670m，最小预测区总面积242.56km²。预测的资源量按精度、深度、预测方法类型、可利用性、资源量级别等分别进行了统计。圈定找矿远景区12处，划分6个镍矿资源开发基地。

图书在版编目(CIP)数据

内蒙古自治区镍矿资源潜力评价/韩宗庆等著．—武汉：中国地质大学出版社，2018.9
(内蒙古自治区矿产资源潜力评价成果系列丛书)
ISBN 978-7-5625-4305-3

Ⅰ．①内…
Ⅱ．①韩…
Ⅲ．①镍矿床-资源潜力-资源评价-内蒙古
Ⅳ．①P618.630.622.6

中国版本图书馆CIP数据核字(2018)第169124号

内蒙古自治区镍矿资源潜力评价 韩宗庆 张玉清 柳永正 **等著**

责任编辑：段 勇 刘桂涛 选题策划：毕克成 刘桂涛 责任校对：徐蕾蕾

出版发行：中国地质大学出版社(武汉市洪山区鲁磨路388号) 邮编：430074
电 话：(027)67883511 传 真：(027)67883580 E-mail：cbb @ cug.edu.cn
经 销：全国新华书店 http://cugp.cug.edu.cn

开本：880毫米×1230毫米 1/16 字数：272千字 印张：8.5
版次：2018年9月第1版 印次：2018年9月第1次印刷
印刷：武汉中远印务有限公司 印数：1—900册

ISBN 978-7-5625-4305-3 定价：128.00元

《内蒙古自治区矿产资源潜力评价成果》
出版编撰委员会

《内蒙古自治区镍矿资源潜力评价》

编委会

主　　编：韩宗庆　张玉清

编写人员：韩宗庆　张玉清　柳永正　张　明　魏雅玲
　　　　　　郭仁旺　胡玉华　张　彤

项目负责单位：中国地质调查局
　　　　　　　　内蒙古自治区国土资源厅

编 撰 单 位：内蒙古自治区国土资源厅

主 编 单 位：内蒙古自治区地质调查院

序

2006年，国土资源部为贯彻落实《国务院关于加强地质工作决定》中提出的“积极开展矿产远景调查评价和综合研究，科学评估区域矿产资源潜力，为科学部署矿产资源勘查提供依据”的精神要求，在全国统一部署了“全国矿产资源潜力评价”项目，“内蒙古自治区矿产资源潜力评价”项目是其子项目之一。

“内蒙古自治区矿产资源潜力评价”项目2006年启动，2013年结束，历时8年，由中国地质调查局和内蒙古自治区人民政府共同出资完成。为此，内蒙古自治区国土资源厅专门成立了以厅长为组长的项目领导小组和技术委员会，指导监督内蒙古自治区地质调查院、内蒙古自治区地质矿产勘查开发局、内蒙古自治区煤田地质局以及中化地质矿山总局内蒙古自治区地质勘查院等7家地勘单位的各项工作。我作为自治区聘请的国土资源顾问，全程参与了该项目的实施，亲历了内蒙古自治区新老地质工作者对内蒙古自治区地质工作的认真与执着。他们对内蒙古自治区地质的那种探索和不懈追求的精神，给我留下了深刻的印象。

为了完成“内蒙古自治区矿产资源潜力评价”项目，先后有270多名地质工作者参与了这项工作，这是继20世纪80年代完成的《内蒙古自治区地质志》《内蒙古自治区矿产总结》之后集区域地质背景、区域成矿规律研究，物探、化探、自然重砂、遥感综合信息研究以及全区矿产预测、数据库建设之大成的又一巨型重大成果。这是内蒙古自治区国土资源厅高度重视、完整的组织保障和坚实的资金支撑的结果，更是内蒙古自治区地质工作者8年辛勤汗水的结晶。

“内蒙古自治区矿产资源潜力评价”项目共完成各类图件万余幅，建立成果数据库数千个，提交结题报告百余份。以板块构造和大陆动力学理论为指导，建立了内蒙古自治区大地构造构架。研究和探讨了内蒙古自治区大地构造演化及其特征，为全区成矿规律的总结和矿产预测奠定了坚实的地质基础。其中提出了“阿拉善地块”归属华北陆块，乌拉山岩群、集宁岩群的时代及其对孔兹岩系归属的认识、索伦山-西拉木伦河断裂厘定为华北板块与西伯利亚板块的界线等，体现了内蒙古自治区地质工作者对内蒙古自治区大地构造演化和地质背景的新认识。项目对内蒙古自治区煤、铁、铝土矿、铜、铅锌、金、钨、锑、稀土、钼、银、锰、镍、磷、硫、萤石、重晶石、菱镁矿等矿种，划分了矿产预测类型；结合全区重力、磁测、化探、遥感、自然重砂资料的研究应用，分别对其资源潜力进行了科学的潜力评价，预测的资源潜力可信度高。这些数据有力地说明了内蒙古自治区地质找矿潜力巨大，寻找国家急需矿产资源，内蒙古自治区大有可为，成为国家矿产资源的后备基地已具备了坚实的地质基础。同时，也极大地增强了内蒙古自治区地质找矿的信心。

"内蒙古自治区矿产资源潜力评价"是内蒙古自治区第一次大规模对全区重要矿产资源现状及潜力进行摸底评价，不仅汇总整理了原1∶20万相关地质资料，还系统整理补充了近年来1∶5万区域地质调查资料和最新获得的矿产、物化探、遥感等资料。期待着"内蒙古自治区矿产资源潜力评价"项目形成的系统的成果资料在今后的基础地质研究、找矿预测研究、矿产勘查部署、农业土壤污染治理、地质环境治理等诸多方面得到广泛应用。

2017年3月

前　言

为了贯彻落实《国务院关于加强地质工作的决定》中提出的"积极开展矿产远景调查和综合研究，科学评估区域矿产资源潜力，为科学部署矿产资源勘查提供依据"的要求和精神，国土资源部部署了全国矿产资源潜力评价工作，并将该项工作纳入国土资源大调查项目。"内蒙古自治区矿产资源潜力评价"是该计划项目下的一个工作项目，工作起止年限为2007—2013年，项目由内蒙古自治区国土资源厅负责，承担单位为内蒙古自治区地质调查院，参加单位有内蒙古自治区地质矿产勘查开发局、内蒙古自治区地质矿产勘查院、内蒙古自治区第十地质矿产勘查开发院、内蒙古自治区煤田地质局、内蒙古自治区国土资源信息院、中化地质矿山总局内蒙古自治区地质勘查院。

项目的目标是全面开展内蒙古自治区重要矿产资源潜力预测评价，在现有地质工作程度基础上，基本摸清内蒙古自治区重要矿产资源"家底"，为矿产资源保障能力和勘查部署决策提供依据。

项目的具体任务为：①在现有地质工作程度基础上，全面总结内蒙古自治区基础地质调查和矿产勘查工作成果和资料，充分运用现代矿产资源预测评价的理论方法和GIS评价技术，开展内蒙古自治区非油气矿产：煤炭、铁、铜、铝、铅、锌、钨、锡、金、锑、稀土、磷等资源潜力预测评价，估算有关矿产资源潜力，初步查清其空间分布，为研究制定内蒙古自治区矿产资源战略与国民经济中长期规划提供科学依据。②以成矿地质理论为指导，深入开展内蒙古自治区范围的区域成矿规律研究；充分利用地质、物探、化探、遥感和矿产勘查等综合成矿信息，圈定成矿远景区和找矿靶区，逐个评价成矿远景区资源潜力，并进行分类排序；编制内蒙古自治区成矿规律与预测图，为科学合理地规划和部署矿产勘查工作提供依据。③建立并不断完善内蒙古自治区重要矿产资源潜力预测相关数据库，特别是成矿远景区的地学空间数据库、典型矿床数据库，为今后开展矿产勘查的规划部署研究奠定扎实的信息基础。

项目共分为三个阶段实施。

第一阶段为2007—2011年3月：2008年完成了全区1：50万地质图数据库、工作程度数据库、矿产地数据库及重力、航磁、化探、遥感、自然重砂等基础数据库的更新与维护；2008—2009年开展典型示范区研究；2010年3月提交了铁、铝两个单矿种资源潜力评价成果；2010年6月编制完成全区1：25万标准图幅建造构造图、实际材料图，全区1：50万、1：150万物探、化探、遥感及自然重砂基础图件；2010—2011年3月完成了铜、铅、锌、金、钨、锑、稀土、磷及煤等矿种的资源潜力评价工作。通过验收后又经修改、复核，已将各类报告、图件及数据库向全国项目组及天津地质调查中心进行了汇交。

第二阶段为2011—2012年：完成银、铬、锰、镍、锡、钼、硫、萤石、菱镁矿、重晶石10个矿种的资源潜力评价工作及各专题成果报告。

第三阶段为2012年6月—2013年10月：以Ⅲ级成矿区带为单元开展了各专题研究工作，并编写地质背景、成矿规律、矿产预测、重力、磁法、遥感、自然重砂、综合信息专题报告，在各专题报告基础上，编写内蒙古自治区矿产资源潜力评价总体成果报告及工作报告；2013年6月完成了各专题汇总报告及图件的编制工作，6月底由内蒙古自治区国土资源厅组织对各专题综合研究及汇总报告进行了初审，7月全国项目办召开了各专题汇总报告验收会议，项目组提交了各专题综合研究成果，均获得优秀。

内蒙古自治区镍矿资源潜力评价工作为第二阶段工作。项目下设成矿地质背景，成矿规律，矿产预测，物探、化探、遥感、自然重砂应用，以及综合信息集成5个课题。

成果报告编写具体分工如下。前言：张彤、张玉清；第一章：张玉清、韩宗庆；第二章：韩宗庆(哈登胡硕预测工作区）、柳永正（浩雅尔洪克尔预测工作区）；第三章：张玉清（小南山预测工作区）、柳永正（乌拉特后旗预测工作区）、胡玉华（乌拉特中旗预测工作区）；第四章：魏雅玲（达布逊预测工作区）；第五章：郭仁旺（亚干预测工作区）；第六章：张玉清（二连浩特北部预测工作区）；第七章：张明（营盘水北预测工作区）、魏雅玲（元山子预测工作区）；第八章：张玉清、韩宗庆；第九章：韩宗庆、张玉清。郝先义、柳永正等编绘了典型矿床相关图件，安艳丽、高清秀、张婷婷、佟卉、胡雯、陈晓宇等完成了相关图件数据库建设及部分插图的清绘。预测工作区地质背景图主要由内蒙古地质矿产勘查院吴之理、李文国、刘德全等提供。物探、化探、遥感资料及图件主要由内蒙古自治区地质调查院苏美霞、张青、任亦萍、阴曼宁、吴艳君、张永旺、张永财、赵丽娟、王沛东、谢燕等，内蒙古自治区国土资源勘查开发院贾金富等，内蒙古自治区国土资源信息院张浩等提供。还有诸多辅助工作人员也付出了辛勤劳动和汗水。在此向参与潜力评价工作的所有同仁表示衷心感谢和敬意！

著　者

2018年6月

目　录

第一章　内蒙古自治区镍矿资源概况

截至2012年，内蒙古自治区完成镍矿普查和详查项目13个、镍多金属矿普查8个、铁(镍)综合矿普查3个、铬(镍)多金属矿普查12个、铜(镍)多金属矿普查45个、铅锌(镍)多金属矿普查3个，共计84个。结合《截至2010年底内蒙古自治区矿产资源储量表 第三册 有色金属矿产》(2011)及近年完成的亚干、达布逊勘查报告，探明镍矿资源储量233 749t(金属量)。

内蒙古自治区已知镍矿床数量不多，至2010年全区已查明储量的镍矿床及共(伴)生镍矿床有12处，已知矿点(矿化点)有7处，包括乌拉特后旗达布逊镍钴矿、阿拉善左旗小亚干铜镍钴多金属矿。其中大型或特大型矿床1处(亚干铜镍钴多金属矿)、中型矿床3处，其余为小型矿床或矿点。多数为共生和伴生矿床，独立镍矿床较少。

第一节　时空分布规律

一、空间分布特征

内蒙古自治区已探明的镍矿(化)点，多沿华北陆块北缘深断裂带(二连-贺根山蛇绿混杂岩带)分布，此外在额济纳旗-北山弧盆系以及秦祁昆造山系也有分布(图1-1，表1-1)。大型、中型镍矿床主要分布在阿拉善左旗、乌拉特后旗、西乌珠穆沁旗。岩浆成因的镍矿床集中分布在二连-贺根山蛇绿混杂岩带、额济纳旗-北山弧盆系及华北陆块区北缘(狼山-阴山陆块)，沉积变质作用形成的镍矿床主要分布在秦祁昆造山系。

西部地区的额济纳旗-北山弧盆系中有阿拉善左旗亚干镍矿等。中部地区有达布逊镍矿、元山子镍矿、额布图镍矿、小南山镍矿、克布镍矿、哈拉图庙镍矿、白音胡硕镍矿、珠尔很沟镍矿、乌斯尼黑镍矿等。东部及东北地区暂时没有收集到已知镍矿(化)点资料。

1. 华北陆块区

(1)乌拉特后旗—乌拉特中旗—四子王旗地区：含镍地质体主要为志留纪—二叠纪橄榄岩、辉长岩、橄榄辉石岩等基性—超基性侵入岩体。矿床成因与深断裂有关，含金属硫化矿物的基性—超基性岩浆沿构造裂隙侵入后，发生熔离作用，在岩体局部有利地段，形成了较贫的深部熔离-贯入矿体；此后在熔离作用的基础上，含矿热液沿构造破碎带多次上升，对矿体和围岩发生强烈而广泛的交代，使原熔离矿石再次富集，形成了较好的工业矿体，并在化学性质较活泼的泥灰岩中形成了热液交代型矿体。主要成矿时代为海西期(锆石U-Pb同位素年龄在克布为261.4Ma，在小南山为420Ma)。代表性矿床为小南山式岩浆型铜镍多金属矿(包括乌拉特后旗额布图镍钴矿、乌拉特中旗克布铜镍矿)。

(2)阿拉善左旗南部地区：矿体赋存于含碳质黑色岩系中，受同沉积断裂影响，上地幔有关元素被热水(泉)循环体系带入裂陷盆地中，在深水还原条件下形成含镍、钼等元素的黑色岩系，并受后期构造及热液改造，在局部有利地段富集成层状工业矿体。代表性矿床为元山子式沉积变质型镍钼矿。

2. 大兴安岭弧盆系

(1)二连浩特北部地区:海西早期含金属硫化物的基性—超基性岩浆沿构造断裂带上侵，金属硫化物从硅酸盐熔浆中熔离出来，形成含矿热液，此后含矿热液多次上升，对构造通道两侧的岩石发生强烈交代，最终侵位至上地壳后在岩体的内接触带附近富集形成工业矿体。代表性矿床为哈拉图庙式岩浆熔离型铜镍矿。

(2)西乌珠穆沁旗地区:海西早期含金属硫化物的基性—超基性岩浆沿构造断裂带上侵，形成含镍的超基性杂岩体，此后在变化剧烈、温差悬殊、雨量充沛、地下水发育的古地理条件下，镍元素逐渐溶解下渗并在适当的条件下重新沉淀富集，形成较富的工业矿体。代表性矿床为白音胡硕式风化壳型镍钴矿(包括珠尔很沟镍矿)。

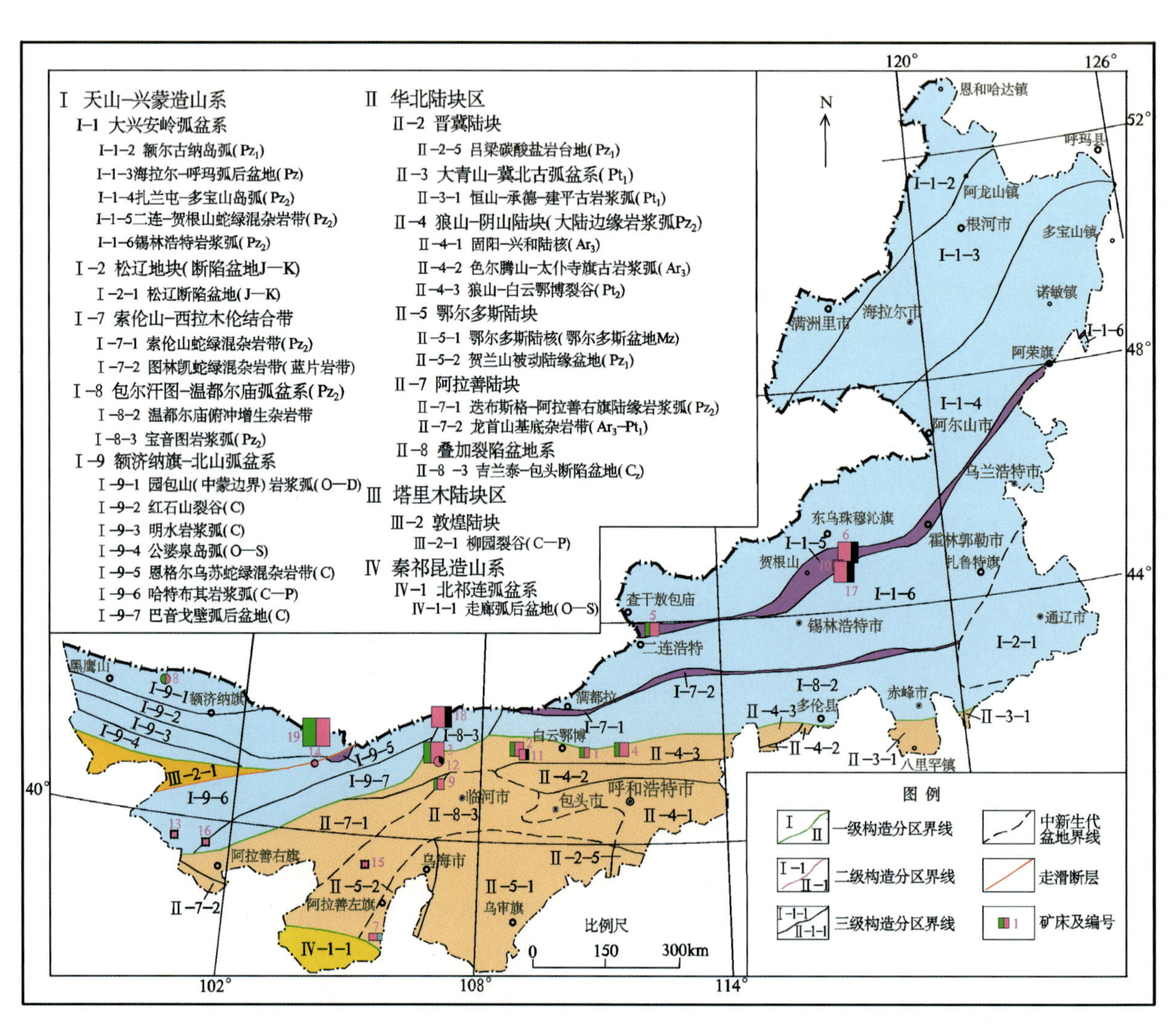

图1-1　内蒙古自治区镍矿所在大地构造位置示意图(矿床名称见表1-1)

表 1-1 内蒙古自治区镍矿一览表

图面编号	矿床(点)名称	图面编号	矿床(点)名称
1	达茂旗黄花滩岩浆型基性—超基性岩型铜镍矿点	11	乌拉特中旗东海鲁图沟岩浆型镍钴矿点
2	乌拉特中旗克布基性—超基性岩型铜镍小型矿床	12	乌拉特后旗楚鲁庙热液型镍钴矿点
3	乌拉特后旗额布图基性—超基性岩型铜镍小型矿床	13	阿拉善右旗金滩伟晶岩型镍矿化点
4	四子王旗小南山基性—超基性岩型铜镍小型矿床	14	阿拉善右旗布斯特热液型镍矿化点
5	苏尼特左旗哈拉图庙基性—超基性岩型铜镍小型矿床	15	阿拉善左旗红疙瘩伟晶岩型镍矿点
6	西乌珠穆沁旗珠尔很沟风化壳型镍钴中型矿床	16	阿拉善右旗特拜伟晶岩型镍矿点
7	阿拉善左旗元山子沉积变质型镍钼小型矿床	17	西乌珠穆沁旗白音胡硕风化壳型镍钴中型矿床
8	额济纳旗独龙包热液型镍铜矿点	18	乌拉特后旗达布逊岩浆型镍钴中型矿床
9	乌拉特后旗别力盖庙基性—超基性岩型铜镍矿点	19	阿拉善左旗亚干岩浆型镍铜大型矿床
10	西乌珠穆沁旗乌斯尼黑风化壳型镍矿点		

(3)乌拉特后旗北部地区:海西中期发生了强烈岩浆活动,含金属硫化物的基性—超基性岩浆上升侵位,在侵位及冷却过程中较重的含镍金属硫化物熔浆逐渐向下沉降,并被分离至岩体底部富集成矿,少部分残留在岩体中形成浸染状矿体。代表性矿床为达布逊式岩浆型镍钴矿。

3. 额济纳旗-北山弧盆系

新元古代(新的锆石 U-Pb 同位素年龄为 280Ma),受深部构造活动影响,含金属硫化物的基性—超基性岩浆从深部上升侵位到古元古界北山岩群中,由于岩浆分异作用的影响,成矿元素在有利地段富集成矿。代表性矿床为亚干式岩浆型铜镍矿。

二、主要形成时代

全区镍矿床的成矿时代主要集中在古生代。

部分学者认为,亚干式岩浆型铜镍多金属矿形成于新元古代,后陈郑辉(2005)获得了锆石 U-Pb 同位素年龄为 280Ma,认为是早二叠世的产物。

寒武纪形成了元山子沉积变质型镍钼矿。

加里东晚期至海西期是内蒙古自治区镍矿的主要成矿期,这期间形成的镍矿主要有小南山铜镍多金属矿、哈拉图庙铜镍矿、达布逊镍钴矿等。白音胡硕镍矿、珠尔很沟镍矿等受后期风化淋滤作用形成了风化壳型镍矿。

三、所在成矿区带

在全国Ⅲ级成矿区带划分的基础上(图 1-2),结合Ⅳ、Ⅴ级大地构造单元的划分,划分了内蒙古自治区Ⅳ级成矿亚带,依据全区镍矿点的分布及本次工作预测的成果,进行了镍单矿种Ⅴ级远景区(矿集区)的划分,共划分了 12 个Ⅴ级远景区(表 1-2)。

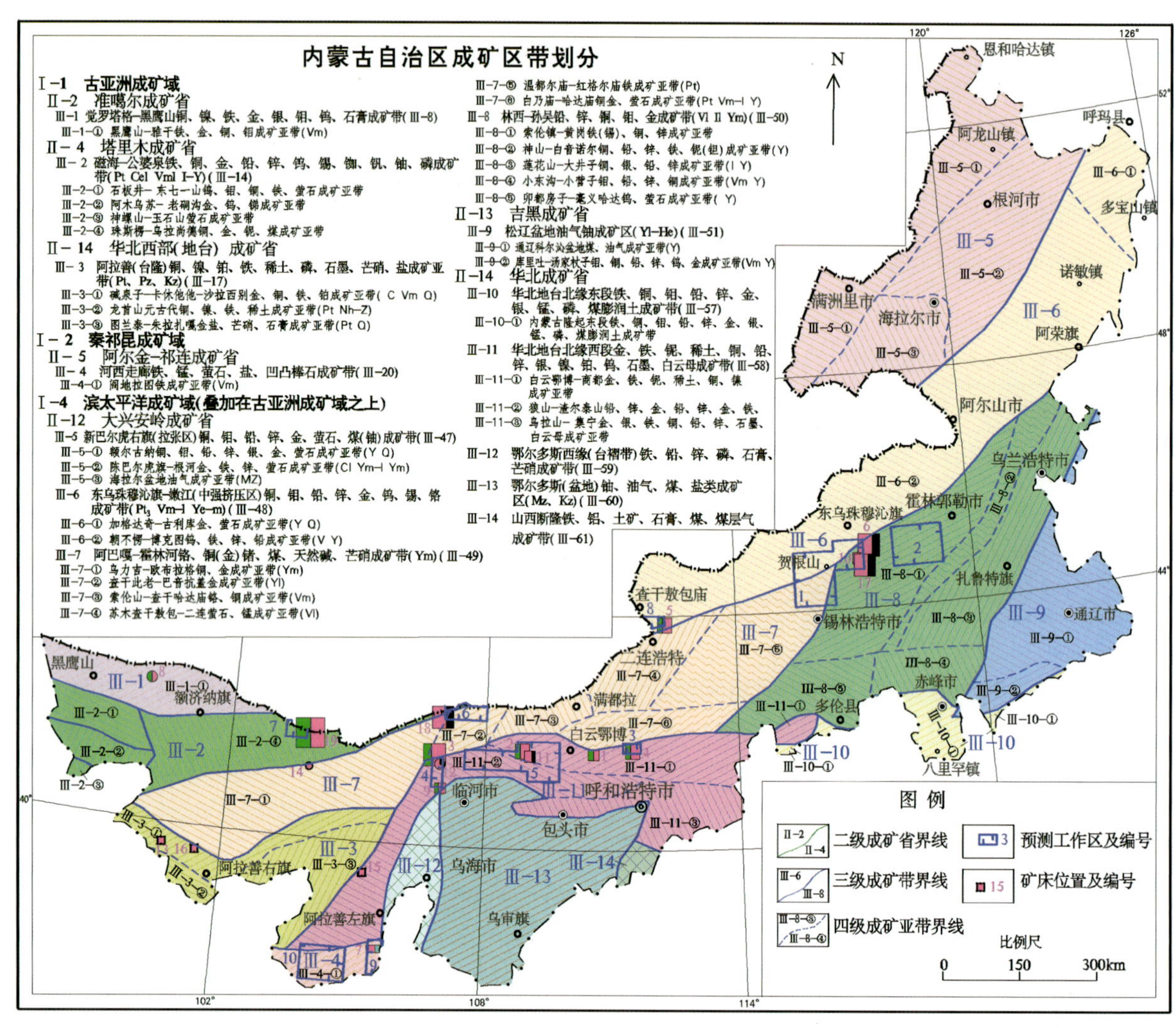

图 1-2　内蒙古自治区镍矿所在成矿区带及预测工作区分布图

[注:矿床点编号见表 1-1,图中“成矿区带划分”文字中的(Ⅲ-8)等为全国潜力评价成矿区带的统一编号]

第二节　控矿因素

一、大地构造对成矿环境的控制

内蒙古自治区中东部处于华北板块与西伯利亚板块的接合部,古构造及板间缝合带主要呈近东西向展布,侵入岩受其控制,也呈东西向展布。华北陆块北部边缘形成了以二连-贺根山蛇绿混杂岩带为代表的多条基性—超基性岩浆岩带,已知镍矿床主要分布于此。

二、岩浆热液控制

内蒙古自治区镍矿床的形成主要与加里东晚期至海西期基性—超基性岩浆热液活动有关,热液活动携带了大量镍元素,为成矿提供了充足的物源。

三、赋矿层位

沉积变质型镍矿主要赋存于寒武纪黑色岩系中，风化壳型镍矿主要赋存于基性—超基性岩风化壳中，岩浆型镍矿主要赋存于基性—超基性岩体下部的内接触带附近，部分也见于外接触带。

表 1－2　内蒙古自治区镍单矿种五级成矿区带划分表

Ⅰ级成矿单元	Ⅱ级成矿单元	Ⅲ级成矿单元	Ⅳ级成矿单元	Ⅴ级成矿单元	代表性矿床(点)	全国
Ⅰ－1古亚洲成矿域	Ⅱ－4塔里木成矿省	Ⅲ－2 磁海－公婆泉铁、铜、金、铅、锌、钨、锡、铷、钒、铀、磷成矿带(Pt、Cel、Vml、I－Y)	Ⅲ－2－④珠斯楞－乌拉尚德铜、金、镍、煤成矿亚带	Ⅴ－1 亚干镍矿远景区	亚干铜、镍多金属矿	
Ⅰ－2秦祁昆成矿域	Ⅱ－6阿尔金－祁连成矿省	Ⅲ－4 河西走廊铁、锰、萤石盐凹凸棒石成矿带	Ⅲ－4－①阎地拉图铁成矿亚带(Vm)	Ⅴ－2 营盘水北镍矿远景区		Ⅲ－19
				Ⅴ－3 元山子镍矿远景区	元山子镍钼矿	
Ⅰ－4滨太平洋成矿域(叠加在古亚洲成矿域之上)	Ⅱ－12大兴安岭成矿省	Ⅲ－6 东乌珠穆沁旗－嫩江(中强挤压区)铜、钼、铅、锌、金、钨、锡、铬成矿带(Pt_3、Vm－l、Ye－m)	Ⅲ－6－②朝不楞－博克图钨、铁、锌、铅成矿亚带(V、Y)	Ⅴ－4 哈拉图庙镍矿远景区	哈拉图庙铜镍矿	
		Ⅲ－7 白乃庙－锡林郭勒铁、铜、钼、铅、锌、锰、铬、金、锗、煤、天然碱、芒硝成矿带	Ⅲ－7－②查干此老－巴音杭盖金成矿亚带(Yl)	Ⅴ－5 达布逊镍矿远景区	达布逊镍钴矿	
		Ⅲ－8 林西－孙吴铅、锌、铜、钼、金成矿带(Vl、Il、Ym)	Ⅲ－8－①索伦镇－黄岗铁(锡)铜、锌成矿亚带	Ⅴ－6 白音胡硕镍矿远景区	白音胡硕镍钴矿、珠尔很沟镍钴矿	
				Ⅴ－7 霍林郭勒市西南镍矿远景区		
				Ⅴ－8 阿尔善宝拉格镍矿远景区		
	Ⅱ－14华北成矿省	Ⅲ－11 华北地台北缘西段金、铁、铌、稀土、铜、铅、锌、银、镍、铂、钨、石墨、白云母成矿带	Ⅲ－11－①白云鄂博－商都金、铁、铌、稀土、铜、镍成矿亚带	Ⅴ－9 小南山镍矿远景区	小南山铜镍多金属矿	Ⅲ－58
				Ⅴ－10 乌拉特中旗镍矿远景区	克布铜镍矿	
			Ⅲ－11－②狼山－渣尔泰山铅、锌、金、铁、铜、铂、镍成矿亚带	Ⅴ－11 乌拉特后旗镍矿远景区	额布图镍钴矿	
				Ⅴ－12 别力盖庙镍矿远景区	别力盖庙铜钴镍矿	

第三节　镍矿床类型

一、镍矿床成因类型及主要特征

内蒙古自治区镍矿床类型较为简单，主要有风化壳型、基性—超基性铜镍硫化物型和沉积变质型，以基性—超基性铜镍硫化物型为主。另有少量热液型、伟晶岩型等，一般为矿（化）点。

1. 风化壳型镍矿

风化壳型镍矿是指出露地表的含镍超镁铁（超基性）岩，受强烈的机械风化、化学淋滤作用，在地下水面附近及其以上形成一定规模的风化壳氧化镍-硅酸镍矿。该类型矿床仅见于锡林郭勒盟西乌珠穆沁旗的白音胡硕苏木一带，包括白音胡硕中型镍矿、珠尔很沟中型镍矿及乌斯尼黑矿点，含矿母岩（超基性岩）形成时代为泥盆纪。该类镍矿床以白音胡硕镍矿为代表。

2. 基性—超基性铜镍硫化物型镍矿

基性—超基性铜镍硫化物型镍矿床又称为岩浆铜镍硫化物矿床。这类矿床与镁铁—超镁铁质岩有关，铜镍常共生，且多数以镍为主，少数以铜为主，并常伴生有铂、钴、金、银等多种有用组分。主要分布于陆内裂谷、大陆边缘裂陷槽区及碰撞后伸展环境，多呈似层状和透镜状。内蒙古自治区该类镍矿床主要分布在二连-贺根山蛇绿混杂岩带及索伦山蛇绿混杂岩带及其两侧，为本区主要的镍矿类型，主要有小南山铜镍矿、达布逊镍钴多金属矿、哈拉图庙镍矿、亚干铜镍矿、克布镍矿及额布图镍矿等，形成于志留纪—二叠纪。

3. 沉积变质型镍矿

该类型矿床在内蒙古自治区仅有阿拉善左旗元山子镍钼矿一处，形成于深水还原条件下，分布于黑色硅质岩、碳质岩、磷质岩等黑色岩系中，常富含 Ni、Mo、As、Se、Re、Au、Ag、Pt、Pd 等元素，并往往构成镍、钼、重晶石等矿床。

二、预测类型、矿床式及预测工作区的划分

根据《重要矿产预测类型划分方案》（陈毓川等，2010），内蒙古自治区镍矿共划分 2 种预测方法类型（侵入岩体型和沉积变质型）、6 种矿产预测类型。根据矿产预测类型及预测方法类型细分为 10 个预测工作区（图 1－2，表 1－3）。

表 1－3　内蒙古自治区镍单矿种预测方法类型、矿产预测类型划分一览表

预测方法类型	矿床式及矿产预测类型	预测工作区	图 1－2 中编号
侵入岩体型	白音胡硕式岩浆型镍矿	浩雅尔洪克尔预测工作区	1
		哈登胡硕预测工作区	2
	小南山式岩浆型铜镍矿	小南山预测工作区	3
		乌拉特后旗预测工作区	4
		乌拉特中旗预测工作区	5
	达布逊式岩浆型镍矿	达布逊预测工作区	6
	亚干式岩浆型镍矿	亚干预测工作区	7
	哈拉图庙式岩浆熔离型镍矿	哈拉图庙预测工作区	8
沉积变质型	元山子式沉积变质型镍矿	元山子预测工作区	9
		营盘水北预测工作区	10

第二章　白音胡硕式侵入岩体型镍矿预测成果

第一节　典型矿床特征

一、典型矿床及成矿模式

白音胡硕硅酸镍矿床大地构造位置位于天山-兴蒙造山系（Ⅰ）大兴安岭弧盆系（Ⅰ-1）二连-贺根山蛇绿混杂岩带（Pz_2）（Ⅰ-1-5）。

（一）典型矿床特征

1. 矿区地质

白音胡硕矿区位于内蒙古自治区锡林郭勒盟西乌珠穆沁旗白音胡硕苏木，珠尔很沟矿区南部6km处，距白音胡硕苏木20km、西乌珠穆沁旗60km、锡林浩特市200km，地理坐标为：东经117°01′30″—117°12′45″，北纬44°49′00″—44°53′00″，面积74.08km^2。

1）地层

矿区出露格根敖包组、第四系。格根敖包组（图2-1）零星分布于矿区的北部和中部，区域上分三个岩性段，矿区只有第二、第三岩段，分布面积约2.6km^2，总体产状140°～160°∠20°～30°。第二岩段为灰绿色—灰紫色安山岩、英安岩、角砾安山岩；第三岩段为灰绿色凝灰质粉砂岩、板岩、长石石英砂岩、泥质粉砂岩。第二、第三岩段总厚度大于1500m。矿区第四系大面积覆盖，主要为全新统冲积—冲洪积砂砾石、黄褐色细砂土、粉砂土、砂质黏土及坡积砂砾层，厚度5～20m。

2）侵入岩

矿区侵入岩发育，主要为海西期斜辉（二辉）辉橄岩与辉绿岩，呈不规则状岩株产出。其中斜辉（二辉）辉橄岩呈近东西向展布，长7.5km，宽3km，面积约13.26km^2。根据矿物含量分为三个相带，即斜辉辉橄岩、纯橄榄岩、斜辉橄榄岩。斜辉辉橄岩呈黑绿色、褐绿色，主要矿物为橄榄石，含量70%左右，已全部蚀变为蛇纹石，形成网格状构造；斜方辉石含量约30%，已基本变为绢石，但仍保留少量斜方辉石残晶；单斜辉石少量，具有反应边及文象聚晶结构，橄榄石粒径1～2mm，辉石粒径5～10mm。纯橄榄岩出露面积不大，位于斜辉辉橄岩中部，未构成独立岩体，岩石为黑色、灰绿色、紫色，块状及片状构造，橄榄石含量为95%，已蚀变为纤维状蛇纹石及片状蛇纹石，偶见残晶；铬尖晶石含量小于5%，自形晶—他形晶，边缘蚀变为黑色，中部黄褐色、红褐色。斜辉橄辉岩分布在岩体中部，是矿区的成矿母岩，浅绿色—深绿色，矿物成分主要为斜方辉石，含量约65%，多已蚀变为绢石，具斜方辉石假象、辉石单晶粒径4～8mm；橄榄石含量为35%，已全部蚀变为蛇纹石，但仍保留橄榄石残晶，橄榄石粒径1～2mm；偶见铬尖晶石、磁铁矿等。斜辉橄辉岩受红土化作用常具垂直分带，根据其成分和内部结构的不同由上而下可分为4层：赭石层，蛇纹石化学分解形成铁质赭土，松散土状，呈褐色、红色、紫红色，该层多数被

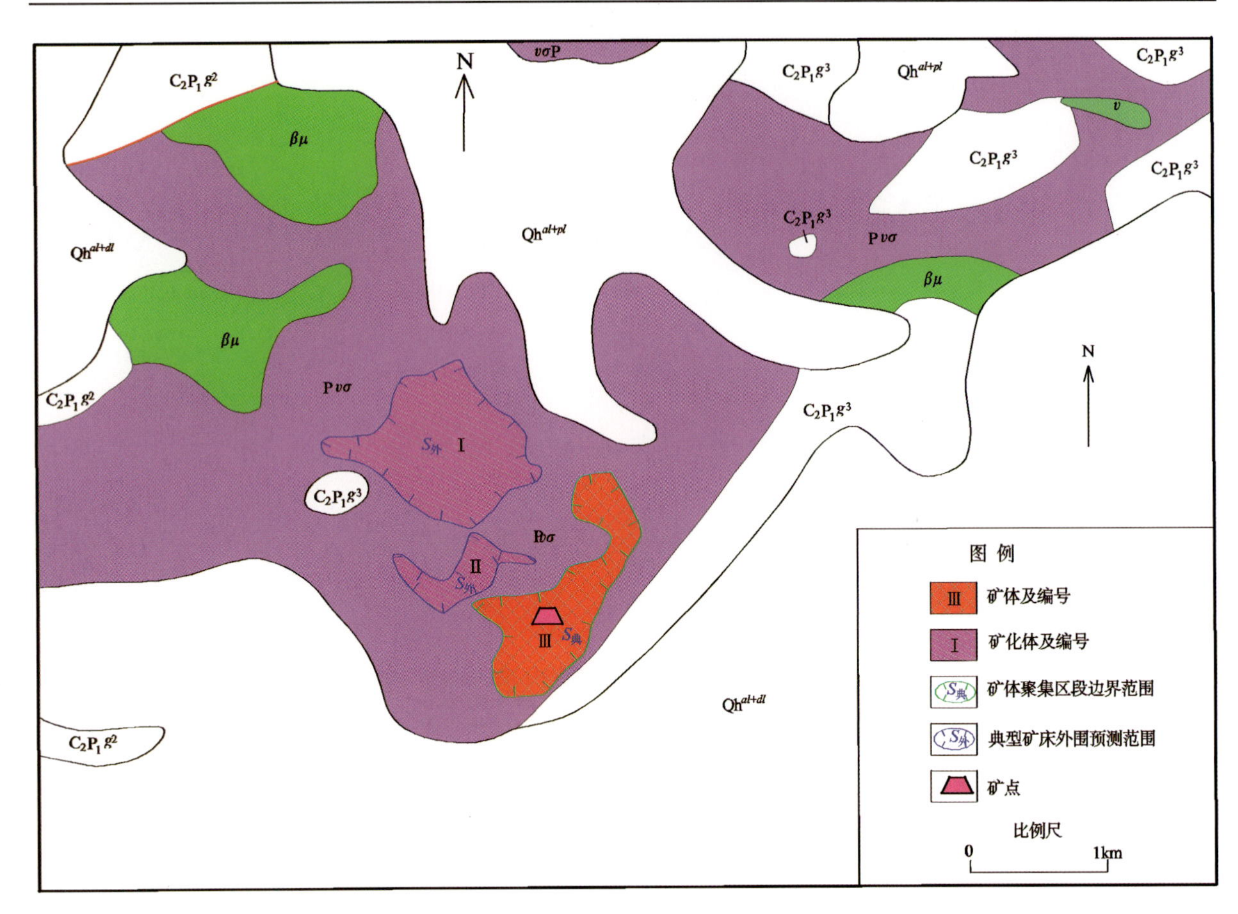

图 2-1　白音胡硕矿区地质简图

Qh^{al+dl}. 第四系全新统冲积+坡积;Qh^{al+pl}. 第四系全新统冲积+洪积;$C_2P_1g^3$. 格根敖包组三段;$C_2P_1g^2$. 格根敖包组二段;$Pv\sigma$. 二叠纪灰绿—黑绿色斜辉(二辉)橄榄岩;$\beta\mu$. 辉绿岩脉;v. 辉长岩脉

剥蚀掉;绿高岭石层,含镍硅酸盐带,是由蛇纹岩经绿高岭石化而形成,此种黏土带部分保留蛇纹石构造,并常有石髓和蛋白石小脉,含镍硅酸盐矿物主要有绿高岭石、硅镁镍矿等,常呈土状、致密块状、胶状或微晶状产出;淋滤蛇纹岩层,位于风化壳底层、局部出露地表,由硅化蛇纹岩及绿高岭石化蛇纹岩组成,由硅质形成骨架,绿高岭石化蛇纹岩填充其间,矿物有蛇纹石、白云石、蛋白石、石英及腊蛇纹石,含镁较前增多;碳酸盐化蛇纹岩层,未黏土化岩石。以上各层界线是逐渐过渡的。

3)构造

矿区位于北东向小型宽缓背斜南翼,地层呈南东向倾斜的单斜构造,平行地层走向发育小型韧性剪切带和小型断裂。矿区断裂主要表现为海西期斜辉、二辉辉橄岩与辉绿岩岩体沿早期北东向和北东东向断裂侵入。矿区内还发育燕山期的北北东向和北西向的脆性断裂,一般规模较小,北北东—北西向的节理或小破碎带发育,一般倾向北—北西,倾角 60°～80°,对矿体没有大的破坏作用。

2. 矿床特征

矿体赋存于超基性岩[斜辉(二辉)橄榄岩]体中,属于风化壳型硅酸镍矿床,在超基性岩体中共圈出 4 个矿(化)体。

Ⅰ号矿化体位于超基性岩体最北部,矿化体平面形态为大型蝌蚪状,剖面形态为水平层状、似板状。矿化体长轴长 1500m,短轴最大长度 1160m,平均 715m,矿化体顶部埋深 4.10～4.85m,平均 4.49m。矿化体厚度 2～6m,镍品位 0.2%～0.4%。矿化体倾向 295°,倾角 0°～5°。

Ⅱ号矿化体位于超基性岩体中间部位,矿化体规模稍小,平面呈中间胖大的"S"形,剖面特征与

Ⅰ号矿化体一致。矿化体长轴长1050m，短轴长60～420m，平均240m，矿化体顶部埋深3.4～3.5m，平均3.45m。矿化体厚度1～7m，镍品位0.1%～0.5%。矿化体倾向175°，倾角0°～3°。

Ⅲ-1号矿体位于岩体南东部，矿体平面形态为不规则纺锤形。矿体长轴呈胳膊肘状，长470～1730m，水平宽160～940m；矿体顶部埋深2.54～7.07m，平均4.82m。矿体总体倾向95°，倾角0°～3°。矿体矿石类型为绿高岭石黏土型镍矿石，镍1.02%～1.14%，平均品位1.07%，品位变化系数0.17，钴0.17%～0.19%，平均品位0.17%，变化系数0.059；矿体厚1～4m，平均2.63m，厚度变化系数0.63。

Ⅲ-2号矿体与Ⅲ-1矿体受同一岩体控制，位于Ⅲ-1矿体下部，矿体平面形态为不规则纺锤形。矿体长轴呈胳膊肘状，长轴长1400m，水平宽160～940m；矿体顶板埋深平均9.23m，底板埋深平均15.56m。矿体倾向95°，倾角0°～3°。矿体矿石类型为风化蛇纹岩型矿石，镍0.5%～1%，平均品位0.56%，变化系数0.35；钴0.09%～0.10%，平均品位0.09%，变化系数0.08，厚1～3m，平均2.27m，厚度变化系数0.84。

3. 矿石特征

矿石遭受强烈绿高岭石化，矿物颗粒极为细小，为地表氧化矿石，氧化程度相对较高，矿物种类相对简单。金属矿物主要为褐铁矿、磁铁矿、赤铁矿、少量黄铁矿、黄铜矿、磁黄铁矿，微量镍黄铁矿、镍磁铁矿、菱铁矿、紫硫镍铁矿。非金属矿物主要为碳酸盐矿物，次为绿泥石、绢云母、黏土类矿物及石英。岩石蚀变强烈，主要为碳酸盐化，次为绿泥石化、绢云母化、泥化，无法恢复原岩。主要含镍矿物为绿高岭石，次为紫硫镍铁矿、暗镍蛇纹石、镍绿泥石、镍磁铁矿等。

脉石矿物，土状矿石中由高岭土、蛇纹石、绿泥石、滑石组成，夹石英、长石颗粒及少量残留辉石、橄榄石类矿物；骨架型矿石中主要为石英、高岭土、方解石等。

矿石自然类型为风化淋滤红土型硅酸镍矿，按其分布层位及其自然状态的不同又划分为两种类型。绿高岭石型分布于赭石层下部，多为黄色、绢黄色，夹杂暗红色、红褐色、棕灰色、绿灰色、黄绿色等，呈松散-致密型土状、砂土状、粉土状，矿物成分主要为绿高岭石、镍蛇纹石，可见蛇纹石残留构造。风化蛇纹岩型分布于绿高岭石型矿体下部，含镍品位普遍偏低，其间有2～4m夹层，矿石为浅绿色、黄绿色、灰黑色、岩石多土化。由于风化淋滤作用，硅质常形成网格状骨架，网格内充填有灰黑色或灰绿色黏土。

工业类型为风化壳型硅酸镍矿，矿床中镍品位一般为1%～1.5%，属低品级矿石；底部矿体为贫矿级，镍品位一般为0.5%～0.7%。

4. 矿石结构构造

矿石结构主要为土状结构，矿石构造主要为块状构造、细脉状构造、网格状构造、团块状构造、结核状构造等。

5. 矿床成因及成矿时代

属于风化淋积型（或风化壳型）硅酸镍矿床，成矿时代为海西期。

（二）矿床成矿模式

白音胡硕镍矿矿区超基性岩体地处平缓高原区，海拔高度一般为1000～1100m，相对高度20～40m。气候变化剧烈，温差悬殊，雨量充沛，地下水发育，对风化壳的形成创造了有利条件。

斜辉辉橄岩在富含CO_2的地下水作用下，促使橄榄石溶蚀，分解出的Fe、Mg、Ni进入溶液，Si则形成SiO_2胶体，而Fe的氧化物靠近地表，以赤铁矿等形式沉淀，最后形成含镍绿高岭石层。之后，由于风化作用的继续发展，较多的Mg、Ni和Si残留于溶液中，随酸性地下水继续下渗，经中和作用使其呈含水硅酸盐沉淀。由于Ni的溶解度较Mg小，因此，沉淀物的Ni/Mg比高于溶液中的Ni/Mg比，部分Mg随地下水流失，当侵蚀过程地表水位下降，酸性地下水又能重新侵蚀已经富集了Ni的沉积物，溶解搬运至深部使其重新沉淀为一种硅酸盐矿物，从而使 Ni 进一步富集。

白音胡硕镍矿成矿模式见图 2 - 2。

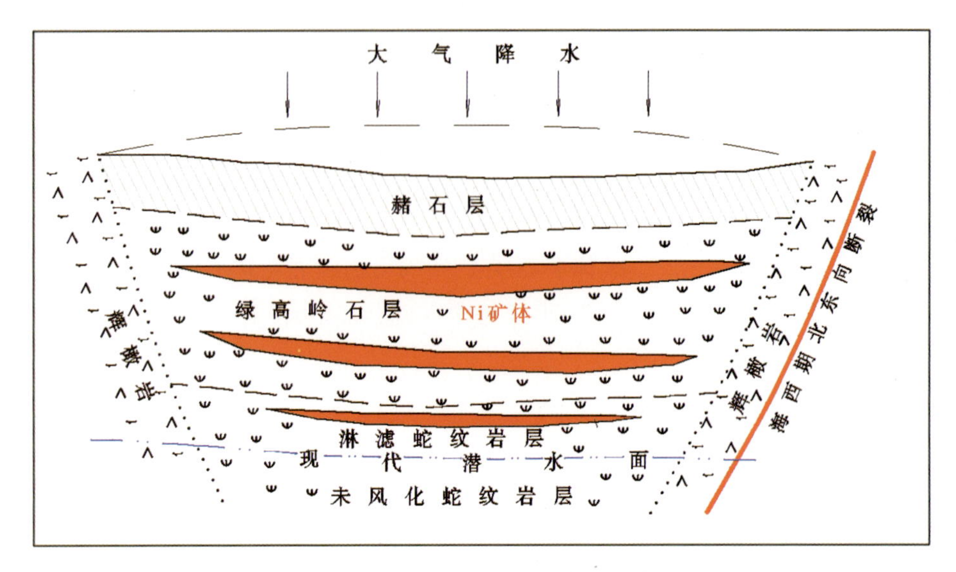

图 2 - 2 白音胡硕镍矿典型矿床成矿模式图

二、典型矿床物探特征

1. 重力

白音胡硕式岩浆型镍矿床位于长轴状局部重力高异常边缘（图 2 - 3），峰值 Δg 为 $-95.41\times10^{-5}\mathrm{m/s^2}$。剩余图中该区域表现剩余重力正异常，编号 G 蒙- 344 - 1 区域内航磁等值线平面图（ΔT）也表现大面积的正磁异常，$\Delta T_{max}=1400\mathrm{nT}$，地表局部出露超基性岩。

2. 航磁

1∶25 万航磁图中矿区处在场值为－40nT 左右的负磁场上，1∶5 万航磁图中矿区处在场值为 0nT 左右的平稳磁场上。

三、典型矿床预测模型

根据典型矿床成矿要素和矿区地磁区域重力资料，确定典型矿床预测要素（表 2 - 1），编制典型矿床预测要素图。

表 2 - 1 白音胡硕式镍矿典型矿床预测要素表

预测要素		内容描述			要素类别
储量		金属量：37 771t	平均品位	0.87%	
特征描述		风化淋积型（或风化壳型）硅酸镍矿床（中型）			
地质环境	构造背景	Ⅰ天山-兴蒙造山系；Ⅰ-1 大兴安岭弧盆系；Ⅰ-1-5 二连-贺根山蛇绿混杂岩带（Pz_2）			必要
	成矿环境	大兴安岭成矿省，东乌珠穆沁旗-嫩江（中强挤压区）铜、钼、铅、锌、金、钨、锡、铬成矿带，朝不楞-博克图钨、铁、锌、铅成矿亚带			必要
	成矿时代	海西期			必要

续表 2-1

预测要素		内容描述	要素类别
矿床特征	矿体形态	近水平似板状	重要
	岩石类型	斜辉(二辉)辉橄岩、辉绿岩	重要
	岩石结构	辉绿结构、嵌晶含长结构	次要
	矿物组合	金属矿物主要为褐铁矿、磁铁矿、赤铁矿，少量黄铁矿、黄铜矿、磁黄铁矿，微量镍黄铁矿、镍磁铁矿、菱铁矿、紫硫镍铁矿。 非金属矿物主要为碳酸盐矿物，次为绿泥石、绢云母、黏土类矿物及石英	重要
	结构构造	土状结构；块状构造、细脉状构造、网格状构造、团块状构造、结核状构造	次要
	蚀变特征	蚀变强烈，碳酸盐化为主，次为绿泥石化、绢云母化、泥化	重要
	控矿条件	海西早期北东向、北东东向断裂控制岩体的分布；矿体赋存于海西期斜辉(二辉)辉橄岩体中	必要
地球物理特征	重力	矿床位于布格重力异常相对高值区，异常范围$(-102\sim95.41)\times10^{-5}m/s^2$；剩余重力异常图中矿床位于条带状正异常区	重要
	磁法	1∶5万航磁图中矿床处在场值为0nT左右的平稳磁场上	重要

第二节　预测工作区研究

该预测类型选取了两个预测工作区：一是锡林浩特市北部浩雅尔洪克尔地区白音胡硕式岩浆型镍矿预测工作区，范围为：东经115°30′—117°15′，北纬44°05′—45°10′；二是西乌珠穆沁旗哈登胡硕地区白音胡硕式岩浆型镍矿预测工作区，范围为：东经118°00′—119°15′，北纬44°40′—45°20′。

一、区域地质特征

(一)成矿地质背景

1. 浩雅尔洪克尔预测工作区

1)地层

预测工作区出露有中元古界温都尔庙群(含铁硅泥质岩建造)、上古生界(浅海相、滨海相火山沉积建造)、中生界(断陷盆地陆相火山岩建造)、新生界新近系和第四系。

2)侵入岩

预测工作区内的侵入岩主要有二叠纪闪长岩、石英闪长岩、花岗闪长岩和花岗岩；中晚泥盆世的超基性岩、基性岩；侏罗纪晚期花岗岩、花岗斑岩及石英二长斑岩。其中与镍成矿有关的是中晚泥盆世超基性岩、基性岩，分布广，规模大。

该区的超基性岩为洋壳残片，属蛇绿岩亚相，因构造侵位进入大陆造山带中，与围岩呈断层接触。

该超基性岩从下至上为超镁铁质岩(变形橄榄岩)—具堆晶组构的超镁、镁铁质岩—均质辉长岩—低钾拉斑玄武岩质辉绿岩岩墙群—枕状或块状拉斑玄武岩。

蛇绿岩从下到上为：远洋沉积物，硅质岩与玄武岩互层($D_{2-3}\beta+Si$)；英云闪长岩($D_{2-3}\gamma\delta o$)；基性岩墙，辉绿岩、辉绿玢岩($D_{2-3}\beta M$)；堆晶岩，变质蚀变辉长岩($D_{2-3}\nu$)。

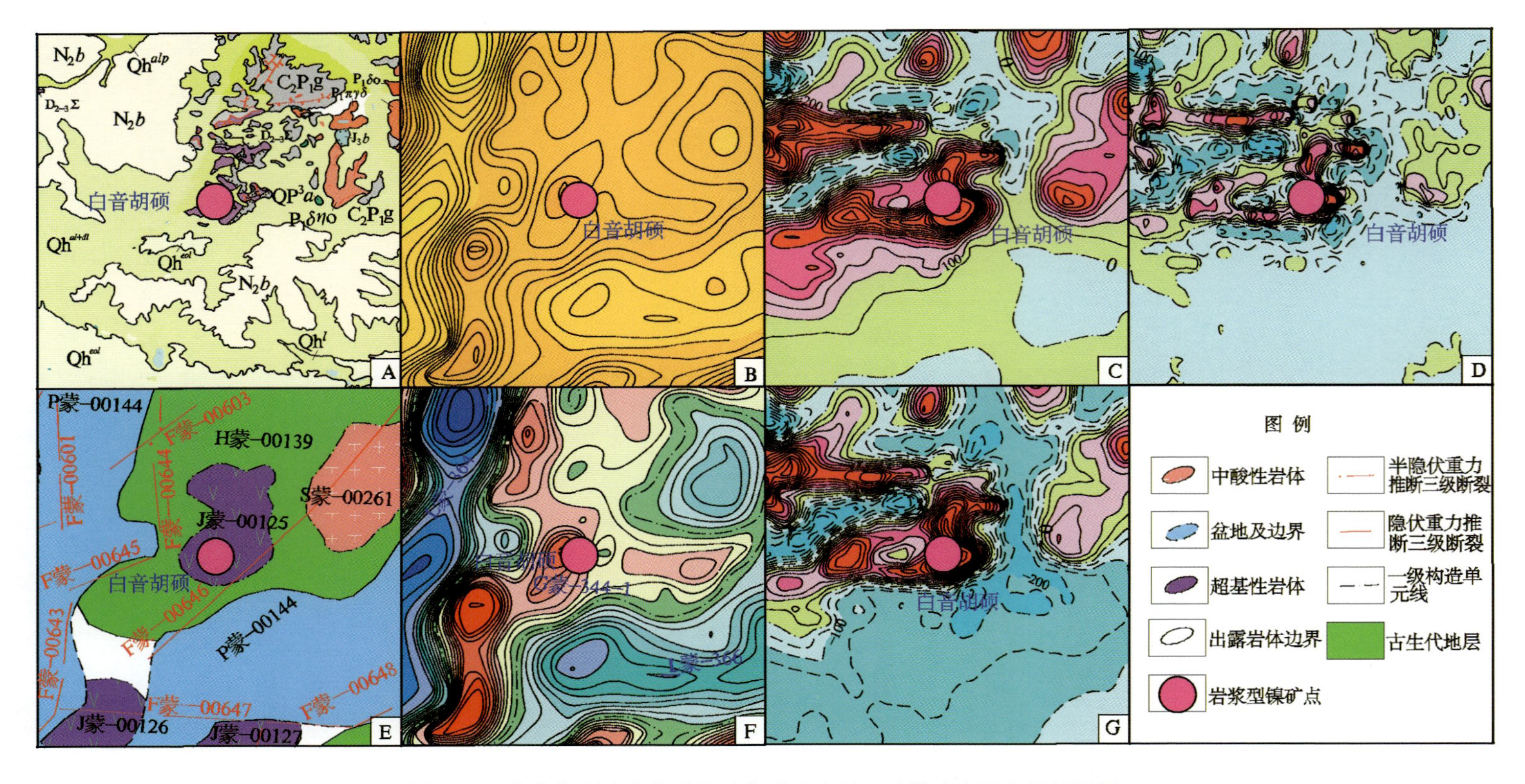

图 2-3　白音胡硕式岩浆型镍矿典型矿床所在区域矿产及物探剖析图

A. 地质矿产图；B. 布格重力异常图；C. 航磁 ΔT 等值线平面图；D. 航磁 ΔT 化极垂向一阶导数等值线平面图；E. 重力推断地质构造图；F. 剩余重力异常图；G. 航磁 ΔT 化极等值线平面图。其中 A 图：Qh^{eol}. 第四系全新统风积；Qh^{l}. 第四系全新统湖积；Qh^{al+dl}. 第四系全新统冲积+坡积；Qh^{alp}. 第四系全新统冲洪积；$Qh^{3}a$. 阿巴嘎组；N_2b. 宝格达乌拉组；J_3b. 白音高老组；C_2P_1g. 格根敖包组；$P_1\pi\gamma\delta$. 早二叠世斑状花岗闪长岩；$P_1\eta\delta o$. 早二叠世石英二长闪长岩；$P_1\delta o$. 早二叠世石英闪长岩；$D_{2-3}\Sigma$. 中晚泥盆世超基性岩；E 图：F 蒙-00644. 半隐伏重力推断三级断裂编号；F 蒙-00603. 半隐伏重力推断三级断裂编号；L 蒙-366. 剩余异常编号；G 蒙-344-1. 剩余异常编号；J 蒙-00125. 基性—超基性岩体编号；H 蒙-0013. 地层编号；P 蒙-00144. 盆地编号；S 蒙-00261. 酸性—中酸性岩体编号

3)构造

预测工作区大地构造位置属天山-兴蒙造山系、大兴安岭弧盆系、二连-贺根山蛇绿混杂岩带与扎兰屯-多宝山岛弧及锡林浩特岩浆弧三者交会部位，区内构造活动频繁，地质构造复杂，不同性质的构造形迹发育。

预测工作区分南北两个亚带，北带属二连-贺根山蛇绿混杂岩亚带，以北东向压性、压扭性断裂及褶皱为主，东西向构造和北西向构造次之。

蛇绿混杂岩带沿北东方向斜裂分布，或者呈"S"形分布，中间由中新生代松散沉积物相隔。小坝梁超基性岩明显受北东向断裂控制，从南西到北东，它们之间存在隐伏的北西向压性、压扭性断裂。

南带的构造仍以北东向为主，除压性、压扭性断裂构造外，轴线走向北东向的褶皱也很发育，其次是东西向构造，它是区域构造的一部分，以断裂构造为主，褶皱构造相对弱一些。

2. 哈登胡硕预测工作区

1)地层

从新到老有第四系，上新统宝格达乌拉组(N_2b)，下白垩统白彦花组(K_1b)、梅勒图组(K_1m)，上侏罗统白音高老组(J_3b)、玛尼吐组(J_3mn)、满克头鄂博组(J_3mk)，中侏罗统新民组(J_2x)，中二叠统哲斯组(P_2z)、大石寨组一岩段($P_2d\hat{s}^1$)、二岩段($P_2d\hat{s}^2$)，下二叠统寿山沟组一岩段($P_1\hat{s}\hat{s}^1$)、二岩段($P_1\hat{s}\hat{s}^2$)等。

2)侵入岩

从白垩纪到泥盆纪均有出露，岩性从酸性到超基性均有不同范围的分布。早白垩世有黑云母正长花岗岩($K_1\xi\gamma\beta$)、黑云母花岗岩($K_1\gamma\beta$)、花岗岩($K_1\gamma$)、花岗闪长岩($K_1\gamma\delta$)、闪长岩($K_1\delta$)、闪长玢岩($K_1\delta\mu$)、辉绿玢岩($K_1\beta\mu$)。晚侏罗世有花岗斑岩($J_3\gamma\pi$)、花岗闪长岩($J_3\gamma\delta$)、闪长岩($J_3\delta$)、石英二长闪长岩($J_3\delta\eta o$)、二长花岗岩($J_3\eta\gamma$)、花岗岩($J_3\gamma$)。侏罗纪有花岗岩($J_3\gamma$)、石英闪长岩($J_3\delta o$)、辉长岩($J_1\nu$)。晚三叠世有黑云母二长花岗岩($T_3\eta\gamma\beta$)。晚二叠世有花岗岩($P_3\gamma$)、二长花岗岩($P_3\eta\gamma$)、花岗闪长岩($P_3\gamma\delta$)、英云闪长岩($P_3\gamma\delta o$)、似斑状花岗岩($P_3\pi\gamma$)、石英闪长岩($P_3\delta o$)。中晚泥盆世有辉绿玢岩($D_{2-3}\beta\mu$)、辉长岩($D_{2-3}\nu$)、斜方辉石橄榄岩($D_{2-3}\nu\sigma$)、辉石橄榄岩($D_{2-3}\psi\sigma$)。

斜方辉石橄榄岩为镍矿的成矿母岩，辉石橄榄岩为铬、镍矿成矿母岩。斜方辉石橄榄岩与辉石橄榄岩呈零星分布，多数呈岩块状，在预测工作区的西部出露一处，不足$1km^2$，镍矿就产于此岩体中。预测工作区的东部为辉石橄榄岩，零星分布，出露十几处，面积$0.1\sim2km^2$，铬镍矿产于此。

斜方辉石橄榄岩呈黑绿色—褐绿色，具海绵陨铁结构，块状及片状构造。橄榄石含量为70%、斜方辉石含量为5%～28%、SiO_2 含量为40.29%、Fe_2O_3 含量为7.29%、FeO 含量为0.43%、CuO 含量为0.42%、Na_2O 含量为0.03%、K_2O 含量为0.06%，$Na_2O<K_2O$，MgO 含量为37.53%，MgO/Fe 为0.21。

辉石橄榄岩呈灰绿色，具细环结构，块状构造，胶蛇纹石含量为55%，纤维蛇纹石含量为20%，辉石含量为20%，磁铁矿含量小于5%，SiO_2 含量为43.94%，Fe_2O_3 含量为6.99%，FeO 含量为1.52%，MgO 含量为30.99%，Na_2O 含量为0.59%，K_2O 含量为0.2%，$Na_2O>K_2O$，MgO/Fe 为0.27。

3)构造

预测工作区大地构造位置属天山-兴蒙造山系一级构造分区，大兴安岭弧盆系二级构造分区，二连-贺根山蛇绿混杂岩体及锡林浩特岩浆弧三级构造分区。

预测工作区内构造不甚发育，以断裂为主，褶皱次之，断裂以北东向为主，北西向及近东西向次之。与成矿有关的构造为北东向断裂构造，同时对岩体的侵位、热液活动起控制作用。

(二)区域成矿模式

中晚泥盆世发生了强烈的构造运动，深大断裂的活动使来自上地幔的岩浆上侵，形成规模不等的基性—超基性杂岩体，这些岩体中含有一定的成矿元素，但此时并没有富集成矿。此后，在富含 CO_2 的地下水作用下，超基性杂岩体逐渐溶蚀，成矿元素慢慢溶解进入溶液，随着风化作用的继续发展，残留于溶液中的成矿元素不断下渗，然后经中和作用使其呈含水硅酸盐沉淀。伴随地下水位的反复涨落，成矿元素不断被溶解搬运至深部使其重新沉淀为一种硅酸盐矿物，从而镍含量逐渐积累富集，最终形成了一定规模的层状镍矿体，并保存在近地表。区域成矿模式见图 2-4、图 2-5。

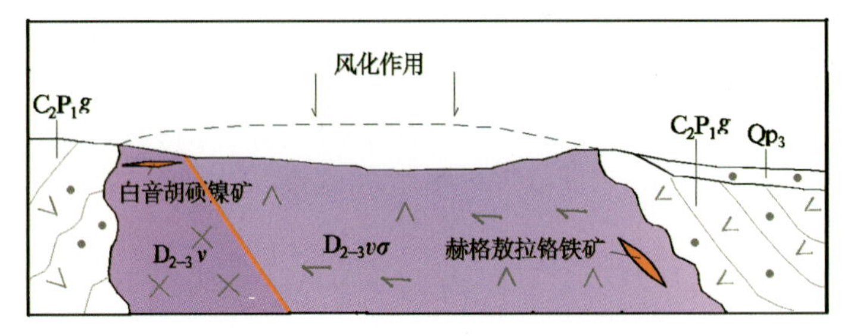

图 2-4　浩雅尔洪克尔预测工作区区域成矿模式图

Qp_3. 第四系上更新统；C_2P_1g. 格根敖包组；$D_{2-3}\nu$. 中晚泥盆世辉长岩类；$D_{2-3}\nu\sigma$. 中晚泥盆世橄榄岩类

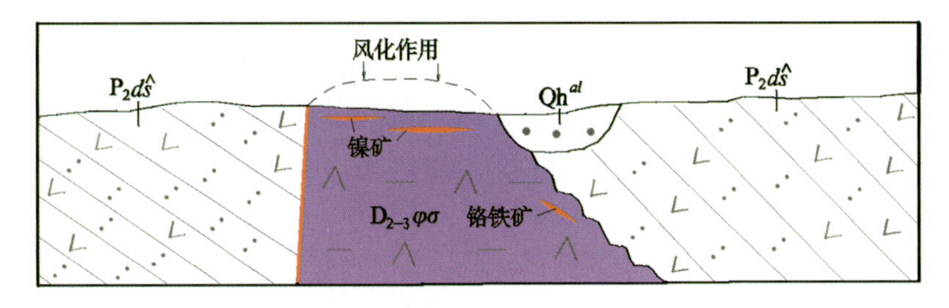

图 2-5　哈登胡硕预测工作区区域成矿模式图

Qh^{al}. 第四系全新统冲积层；$P_2d\hat{s}$. 大石寨组；$D_{2-3}\varphi\sigma$. 中晚泥盆世基性—超基性岩类

二、区域地球物理特征

（一）重力

1. 浩雅尔洪克尔预测工作区

预测工作区位于大兴安岭主脊布格重力低值带西北侧，预测工作区布格重力异常多为北东走向，分布范围较大，呈条带状，高、低相间排列。区域重力场最低值 $\Delta g_{min}=-135.54\times10^{-5}\ m/s^2$，最高值 $\Delta g_{max}=-80.20\times10^{-5}\ m/s^2$。

预测工作区剩余重力异常的长轴方向多为北东向，形态则主要表现为延伸较长的条带状。中西部有一贯穿预测工作区的剩余重力正异常，最高值为 $20.87\times10^{-5}\ m/s^2$，东北部剩余重力负异常最低值为 $-19.36\times10^{-5}\ m/s^2$。

预测工作区中部沿北东方向的布格重力异常高值区，对应范围较大的北东向条带状剩余重力正异常，即 G 蒙-362、G 蒙-343。这一带地表局部出露超基性岩，推断剩余重力正异常由沿北东方向断续分布的超基性岩带引起。东南部与其近平行的条带状剩余重力正异常，即 G 蒙-385，地表出露石炭系及二叠系，参考电测深、航磁资料，推断 G 蒙-385 主要是由于古生代地层引起。预测工作区中的条带状剩余重力负异常，推测多由中新生代沉积盆地所致。

根据区域重力场布格重力梯度带、布格重力异常走向变化等特征，推断预测工作区西北部存在二连-东乌珠穆沁旗(F蒙-02006)一级断裂。预测工作区南部存在艾里格庙-锡林浩特(F蒙-02007)一级断裂。

在该预测工作区推断解释断裂构造62条、中酸性岩体1个、基性—超基性岩体8个、地层单元10个、中新生代盆地12个。

2. 哈登胡硕预测工作区

预测工作区布格重力异常大多为北东走向，呈狭长的条带状，高、低值区带相间排列，东侧则以面状和团块状为主。区域重力最高值 $\Delta g_{max}=-70.02\times10^{-5}m/s^2$，最低值 $\Delta g_{min}=-129.13\times10^{-5}m/s^2$。

剩余重力异常图中异常大多为北东走向，呈条带状分布。预测工作区西部异常走向明显，梯度较陡，东南部异常则较为宽缓。

位于预测工作区中西部的北东走向剩余重力正异常(G蒙-208)，剩余重力最高值达 $22.98\times10^{-5}m/s^2$。该区出露二叠系，推断该正异常是由二叠系基底隆起所致。G蒙-208两侧，对应布格重力异常图上的相对低值区，分布有长轴状剩余重力负异常L蒙-206、L蒙-207和L蒙-213。这一带被大面积第四系和侏罗系所覆盖，推断为中新生代沉积盆地。预测工作区东南部的等轴状负异常区出露酸性岩体，推断为酸性岩侵入引起。预测工作区南部的椭圆状剩余重力正异常，航磁资料显示正磁异常，推测为超基性岩引起。预测工作区两处北东走向的重力异常梯级带，推断是乌兰哈达-林西断裂(F蒙-02011)、艾勒格庙-锡林浩特断裂(F蒙-02007)的反映。

(二)航磁

1. 浩雅尔洪克尔预测工作区

在1∶10万航磁 ΔT 等值线平面图上，预测工作区磁异常幅值范围为－600～625nT，背景值为－100～100nT。预测工作区以正磁异常为主，磁异常形状较规则，多为片带状，北部磁异常幅值比南侧略高，梯度变化大，南部磁异常较平缓。预测工作区磁异常轴向及 ΔT 等值线延伸方向以北东向为主。白音胡硕式岩浆型镍矿床位于预测工作区东北部，位于正负异常梯度带上。－25nT等值线附近的负磁场上。

磁法推断断裂构造以北东向为主，磁场标志多为不同磁场区分界线及磁异常梯度带。预测工作区磁异常推断主要由侵入岩体引起，北部幅值较高磁异常推断由基性侵入岩体引起，南部低缓异常推断由酸性侵入岩体引起。共推断断裂5条、中酸性岩体5个、基性岩体5个、超基性岩体4个、与成矿有关的构造1条，位于预测工作区东北部，走向为北东向。

2. 哈登胡硕预测工作区

磁异常幅值范围为－1250～1250nT，预测工作区磁异常形态杂乱，多为不规则带状、片状及团状。预测工作区西北部磁异常幅值较高，以200nT左右的正磁场为背景。预测工作区东南部以－100nT左右的负磁场为背景，其间有一较大面积的北东向分布的正磁异常。预测工作区磁异常轴向及 ΔT 等值线延伸方向总体以北东向为主。磁法推断断裂构造以北东向为主，磁场标志多为不同磁场区分界线及磁异常梯度带。预测工作区北东—南西对角线延伸的大面积平缓磁异常，推断主要为火山岩地层引起，高幅值磁异常推断由侵入岩体引起，东南部孤立椭圆形高值异常推断为酸性侵入岩体引起。磁法共推断断裂24条、侵入岩体8个、火山岩地层3个。

三、区域地球化学特征

1. 浩雅尔洪克尔预测工作区

区域上分布有 Cr、Fe_2O_3、Co、Ni、Mn、V、Ti 等元素(化合物)组成的高背景区带,在高背景区带中有以 Cr、Fe_2O_3、Co、Ni、Mn、V 为主的多元素(化合物)局部异常。预测工作区内共有 48 处 Cr 异常、34 处 Co 异常、36 处 Fe_2O_3 异常、37 处 Mn 异常、29 处 Ni 异常、23 处 Ti 异常、28 处 V 异常。

预测工作区上存在一条宽约 30km 的 Cr、Ni、Co 高背景区,呈北东向带状分布,分布于马辛呼都格—巴彦图门嘎查一带;高背景区中分布有规模较大的 Cr、Ni、Co 局部异常,存在明显的浓度分带和浓集中心;浓集中心范围较大,异常强度高,多呈面状分布,异常套合较好;在马辛呼都格—浩雅尔洪克尔地区存在一条 Fe_2O_3、Mn 的高背景区,具有明显的浓度分带和浓集中心;在马辛呼都格地区存在规模较大的 Fe_2O_3 局部异常,浓集中心明显,范围较大,呈面状分布;巴彦塔拉嘎查和浩雅尔洪克尔地区存在多处 Mn 的局部异常,浓集中心明显,异常强度高。V 在马辛呼都格—巴彦图门嘎查一带呈背景、高背景分布,马辛呼都格—哈昭乌苏乌日特存在规模较大的 V、Ti 局部异常,浓集中心明显,范围较大,呈面状分布。Ti 在预测工作区南部呈背景、高背景分布,具有明显的浓度分带和浓集中心。

预测工作区上元素异常套合较好的组合异常编号为 Z-1 至 Z-5,Z-3 中异常元素为 Cr、Ni、Mn,Cr、Ni 套合较好,Mn 异常范围较小;Z-1、Z-2、Z-4 和 Z-5 中 Cr、Fe_2O_3、Co、Ni、Mn、V、Ti 套合较好,呈环状分布,Fe、Mn 异常范围较小,Ni 异常范围较大,具有明显的浓度分带和浓集中心,浓集中心规模较大,强度高。

2. 哈登胡硕预测工作区

区域上分布有 Cr、Fe_2O_3、Co、Ni、Mn、Ti、V 等元素(化合物)组成的高背景区带,在高背景区带中有以 Cr、Fe_2O_3、Co、Ni、Mn、Ti、V 为主的多元素(化合物)局部异常。预测工作区内共有 20 处 Cr 异常、12 处 Co 异常、18 处 Fe_2O_3 异常、8 处 Mn 异常、16 处 Ni 异常、26 处 Ti 异常、25 处 V 异常。预测工作区上,Ni 多呈背景、高背景分布,存在局部低背景区,在呼和额日格图—劳吉哈登陶布格、额尔敦宝拉格嘎查—贵勒斯太地区存在明显的 Ni 高背景区,具有明显的浓度分带和浓集中心,异常呈北东向分布,Ni 的浓集中心主要分布于巴棋宝拉格嘎查、呼和额日格图、巴彦胡博嘎查地区;Co 多呈背景分布,在呼和额日格图和宝日格斯台苏木地区存在明显的局部异常;Cr、Ti 多呈背景、高背景分布,具有明显的浓度分带和浓集中心,浓集中心呈串珠状分布;Fe_2O_3、Mn、V 在萨如拉图雅嘎查—劳吉哈登陶布格的东北部呈背景、高背景分布,在其他地区呈背景、低背景分布,在高背景区具有明显的浓度分带和浓集中心;预测工作区上异常套合较好的组合异常编号为 Z-1 至 Z-6,异常元素有 Cr、Fe_2O_3、Co、Ni、Mn、Ti、V,呈闭合环状分布,Ni 具有明显的浓度分带和浓集中心。

四、区域遥感特征

1. 浩雅尔洪克尔预测工作区

解译出二连-贺根山东西向巨型断裂带 1 条、锡林浩特北缘东西向大型断裂带 1 条,解译出中小型构造 100 余条、环形构造 64 个,主要包括中生代花岗岩类、与隐伏岩体有关的、基性岩类引起的环形构造以及成因不明的环形构造,其中有 8 条大型环形构造,共圈定出 14 个最小预测区。

2. 哈登胡硕预测工作区

解译出锡林浩特北缘断裂带1条，呈东西向展布；解译出中小型构造60余条，南部地区构造线走向以东西向和北西西向为主，中部与北部地区断层构造分布较少，规律不明显。预测工作区内的环形构造较少，共解译出环形构造10余处，与隐伏岩体有关。

五、区域预测模型

1. 浩雅尔洪克尔预测工作区

根据预测工作区区域成矿要素，综合研究化探、重力、航磁、遥感、自然重砂等综合信息，总结区域预测要素（表2-2），并将综合信息各专题异常曲线全部叠加在成矿要素图上，将物探及遥感解译的线性、环形构造及隐伏地质体表示于预测底图上，形成预测工作区预测要素图。

表2-2　白音胡硕式侵入岩体型镍矿浩雅尔洪克尔预测工作区区域预测要素表

区域预测要素		描述内容	要素类别
地质环境	大地构造位置	天山-兴蒙造山系大兴安岭弧盆系二连-贺根山蛇绿混杂岩带与扎兰屯多宝山岛弧、锡林浩特岩浆弧三者交会部位	必要
	成矿区（带）	滨太平洋成矿域（叠加在古亚洲成矿域之上），大兴安岭成矿省，东乌珠穆沁旗-嫩江（中强挤压区）铜、钼、铅、锌、金、钨、锡、铬成矿带，朝不楞-博克图钨、铁、锌、铅成矿亚带与阿巴嘎-霍林河铬、铜（金）、锗、煤、天然碱、芒硝成矿带，温都尔庙-红格尔庙铁成矿亚带及林西-孙吴铅、锌、铜、钼、金成矿带，索伦镇-黄岗铁（锡）、铜、锌成矿亚带三者交会部位	必要
	区域成矿类型及成矿期	侵入岩体型	必要
		海西期	
控矿地质条件	赋矿地质体	海西期超基性岩	重要
	控矿侵入岩	海西期超基性岩	必要
	主要控矿构造	北东向和北东东向断裂	重要
区内相同类型矿产		2个中型矿床、1个小型矿床	重要
地球物理特征	重力	矿床位于布格重力异常相对高值区，异常范围（$-102\sim95.41)\times10^{-5}$ m/s^2；剩余重力异常图中矿床位于条带状正异常区	重要
	航磁	在1∶10万航磁ΔT等值线平面图上，预测工作区磁异常值为$-600\sim625$nT，背景值为$-100\sim100$nT	重要
地球化学特征		区域分布有Ni、Cr、Fe_2O_3、Co、Mn、V、Ti等元素（化合物）组成的高背景区带	重要
遥感特征		遥感解译的北东向和北东东向断裂构造	重要

以地质剖面图为基础，叠加区域航磁、重力等形成区域预测模型图（图2-6）。

2. 哈登胡硕预测工作区

根据预测工作区区域成矿要素和航磁、重力、遥感等，建立了本预测工作区的区域预测要素，并编制预测模型图（图2-7）。

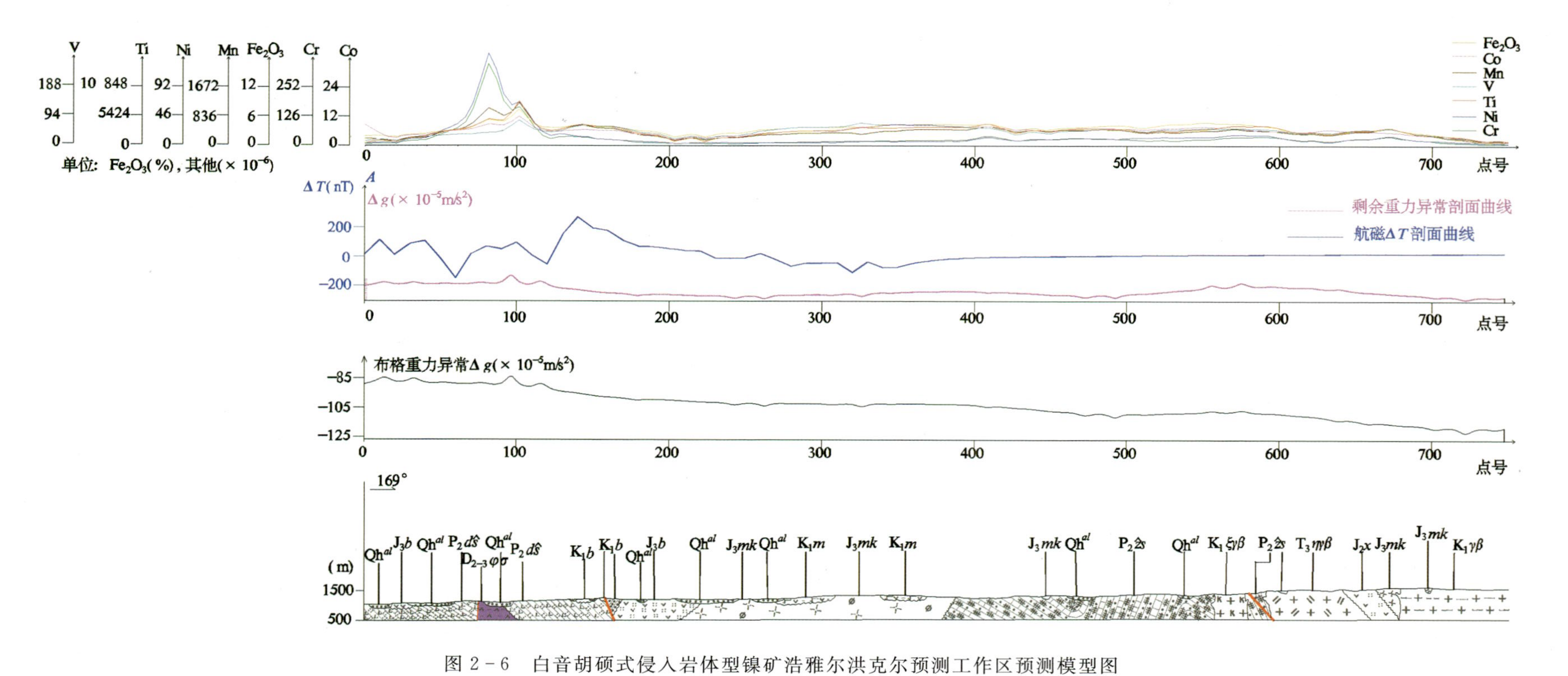

图 2-6　白音胡硕式侵入岩体型镍矿浩雅尔洪克尔预测工作区预测模型图

Qh^{al}. 第四系全新统冲积层；K_1b. 巴彦花组；K_1m. 梅勒图组；J_3b. 白音高老组；J_3mk. 满克头鄂博组；J_2x. 新民组；$P_2d\hat{s}$. 大石寨组；$P_2\hat{z}s$. 哲斯组；$K_1\xi\gamma\beta$. 早白垩世中粗粒黑云母正长花岗岩；$K_1\gamma\beta$. 早白垩世中粗粒黑云母花岗岩；$T_3\eta\gamma\beta$. 晚三叠世中粗粒黑云母二长花岗岩；$D_{2-3}\varphi\sigma$. 中晚泥盆世灰绿色中粗粒辉石橄榄岩

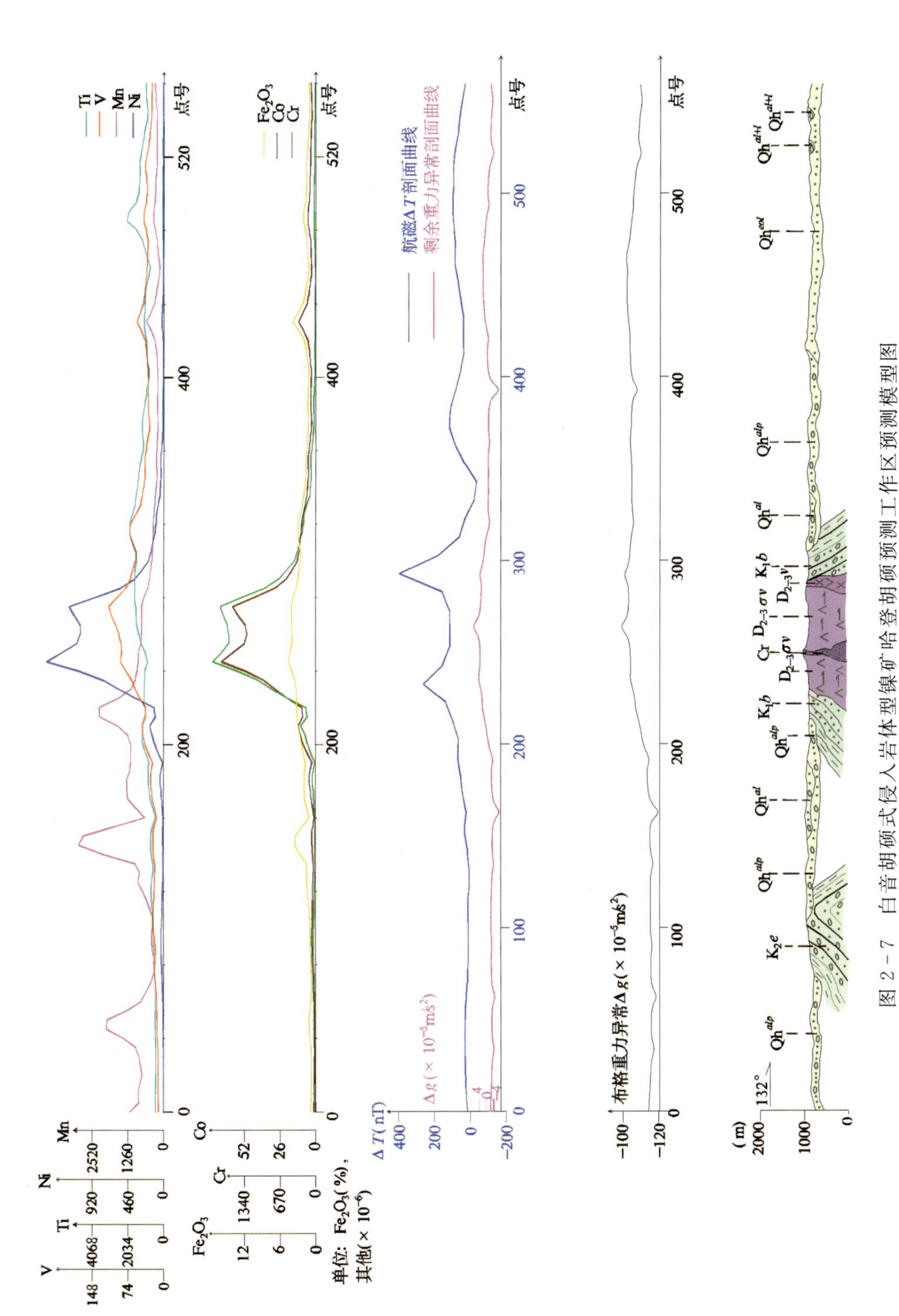

图2－7　白音胡硕式侵入岩体型镍矿哈登胡硕预测工作区预测模型图

Qh. 第四系全新统（*alp*. 冲洪积；*al*. 冲积；*eol*. 风积；*al*+*l*. 冲积＋湖积）；K_2e. 二连组；K_1b. 巴音戈壁组；$D_{2-3}\nu\sigma$. 斜长石橄榄岩；$D_{2-3}\nu$. 橄榄岩；Cr. 铬矿体

根据预测工作区区域成矿要素，综合研究化探、重力、航磁、遥感等综合信息，总结区域预测要素（表2－3），并将综合信息各专题异常曲线全部叠加在成矿要素图上，将物探及遥感解译的线性、环形构造及隐伏地质体表示于预测底图上，形成预测工作区预测要素图。

表2－3　白音胡硕式侵入岩体型镍矿哈登胡硕预测工作区区域预测要素表

区域预测要素		描述内容	要素类别
地质环境	大地构造位置	Ⅰ天山-兴蒙造山系；Ⅰ－1大兴安岭弧盆系；Ⅰ－1－6锡林浩特岩浆弧（Pz_2）	必要
	成矿区（带）	滨太平洋成矿域（叠加在古亚洲成矿域之上），大兴安岭成矿省，林西-孙吴铅、锌、铜、钼、金成矿带，索伦镇-黄岗铁（锡）、铜、锌成矿亚带	必要
	区域成矿类型及成矿期	侵入岩体型	必要
		海西早期	
控矿地质条件	赋矿地质体	海西期超基性岩体	重要
	控矿侵入岩	泥盆纪辉绿玢岩、辉长岩、辉石橄榄岩、纯橄榄岩	必要
	主要控矿构造	海西早期北东向和北东东向断裂	重要
地球物理特征	重力	与超基性岩有关的剩余正异常边部梯级带处	重要
	航磁	与超基性岩有关的正异常边部梯级带处	重要
地球化学特征		区域上分布Ni、Cr、Fe_2O_3、Co、Mn、Ti、V等元素（化合物）组成的高背景区带	重要
遥感特征		遥感解译的北东向及北东东向断裂构造	重要

第三节　矿产预测

根据典型矿床的研究，结合大地构造环境、主要控矿因素、成矿作用特征等，白音胡硕镍矿床成因类型为超基性岩体后期改造的风化壳型，矿产预测类型为白音胡硕式岩浆型镍矿，矿体赋存于超基性岩体中，超基性岩体直接控制了矿床的分布，因此确定预测方法类型为侵入岩体型。

一、综合地质信息定位预测

1. 变量提取及优选

根据典型矿床成矿要素、预测要素及预测工作区成矿要素特征，选择少模型预测工程，采用网格单元法作为预测单元，根据预测底图比例尺（1∶10万）确定网格间距为1km×1km，图面为10mm×10mm（图2－8、图2－9）。选取以下变量：

（1）地质体：泥盆纪辉绿玢岩、辉长岩、辉石橄榄岩、纯橄榄岩，并对其附近的覆盖层进行适度的揭盖处理，然后做1000m（10mm）缓冲区。

（2）航磁异常：正异常区的浓集中心附近。

（3）重力异常：正的异常值，其附近一般有正异常浓集区。

（4）化探异常：Ni异常值为正值，且异常面积相对较大，浓集度较高，异常峰值较大。

（5）已知矿点：浩雅尔洪克尔预测工作区内有2个中型矿床、1个小型矿床；哈登胡硕预测工作区无

图 2-8　白音胡硕式侵入岩体型镍矿哈登胡硕预测工作区预测单元图

已知矿点。

(6)断裂构造：综合叠加地质断层、重力推断断层、遥感解译线性、环形构造，提取北东向和北东东向断裂，然后做 1000m(10mm)缓冲区。

在 MRAS 软件中，对揭盖后的地质体、矿点、断裂、遥感及自然重砂异常等定性变量求区的存在标志，对航磁等值线、剩余重力及化探异常等定量变量，求其起始值的加权平均值，并进行以上原始变量的构置，对网格进行赋值，形成原始数据专题。根据原始数据专题信息直接进行定位预测变量选取，形成定位预测专题，形成预测单元图。

2. 最小预测区圈定及优选

以侵入岩浆构造图为底图，从已知到未知，最小预测区的定位采用自由单元和规则单元。

首先，将 MRAS 程序形成的定位预测专题区文件叠加于预测工作区预测要素图上；其次，根据预测要素变量数值特征范围及位置，结合含矿建造出露情况，大致定位，确定预测单元；最后，最小预测区边界的确定以地质＋化探异常为主，地质＋航磁(遥感)、蚀变异常为辅。

以控矿侵入岩体为第一预测要素，以岩体出露范围及其揭盖缓冲区为主要圈定目标，主要参考化探异常，叠加所有预测要素，根据各要素权重程度圈定最小预测区(图 2-10、图 2-11)。

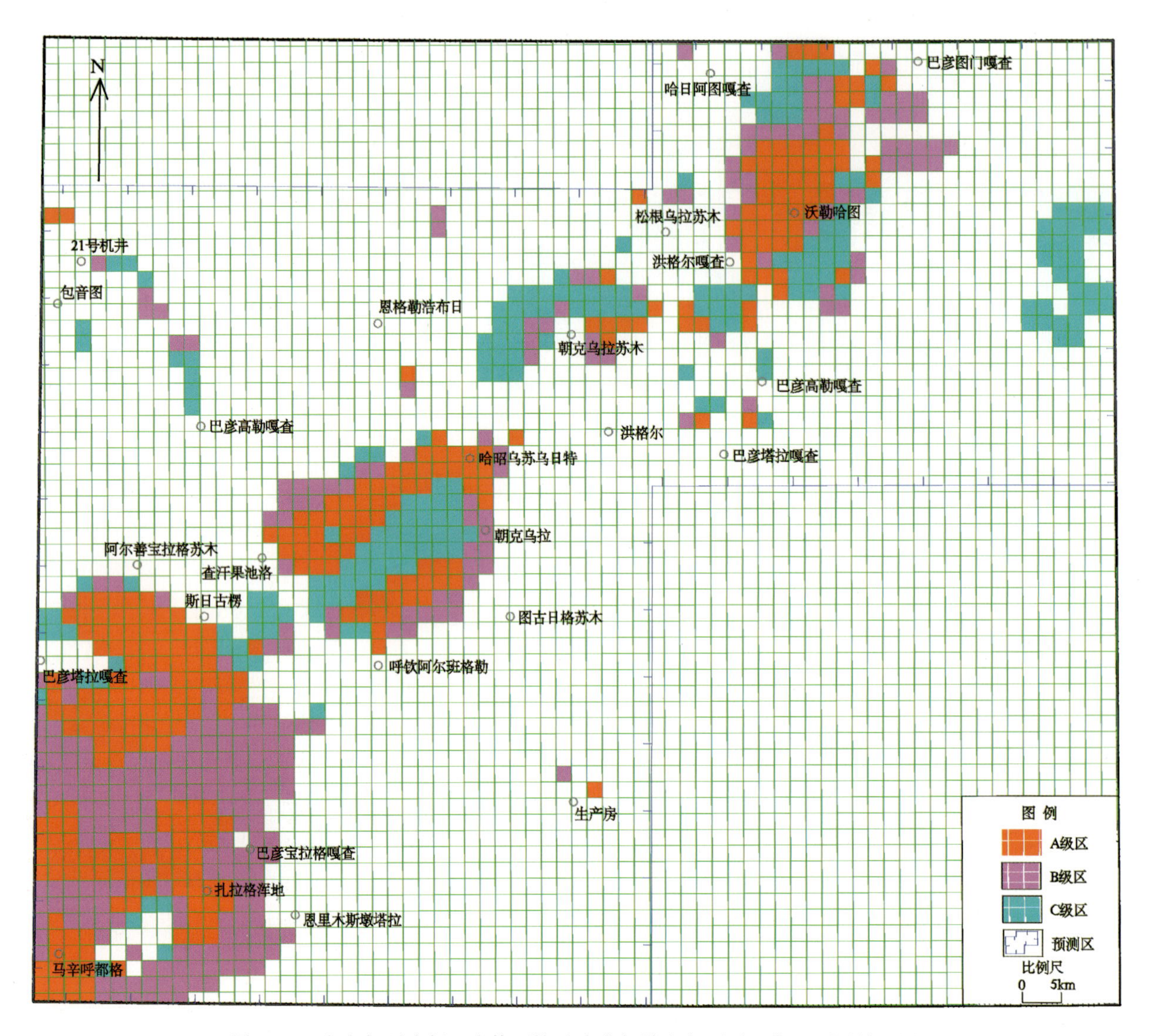

图 2-9　白音胡硕式侵入岩体型镍矿浩雅尔洪克尔预测工作区预测单元图

3. 最小预测区圈定结果

浩雅尔洪克尔预测工作区圈定最小预测区 16 个，其中 A 级区 5 个、B 级区 6 个、C 级区 5 个；哈登胡硕预测工作区圈定最小预测区 11 个，其中 B 级区 5 个、C 级区 6 个。各级别面积分布合理，预测工作区总体与区域成矿地质背景和物探、化探异常等吻合程度较好。

4. 最小预测区地质评价

各最小预测区成矿条件及找矿潜力见表 2-4、表 2-5。

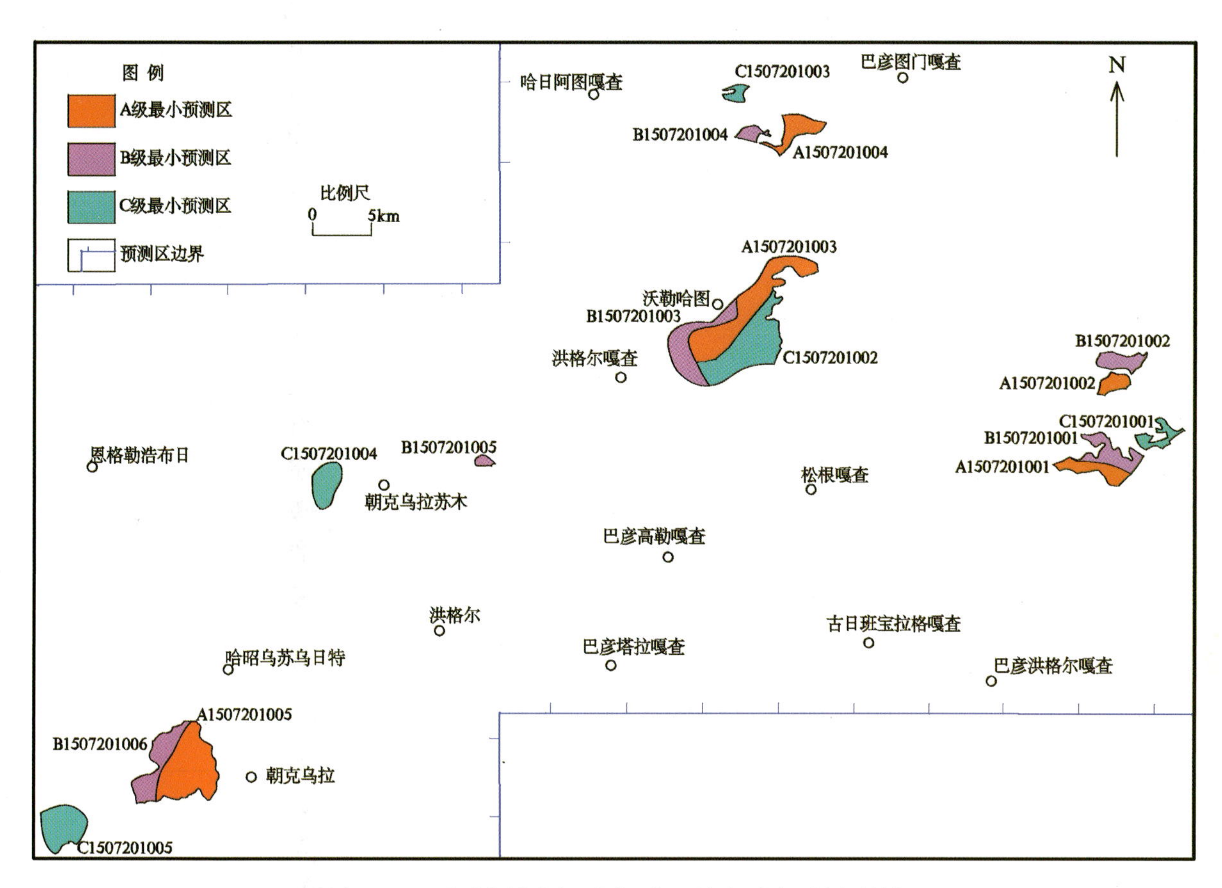

图 2-10　浩雅尔洪克尔预测工作区最小预测区圈定结果

表 2-4　白音胡硕式镍矿浩雅尔洪克尔预测工作区最小预测区成矿条件及找矿潜力一览表

最小预测区编号	最小预测区名称	最小预测区成矿条件及找矿潜力(航磁/nT,剩余重力/$\times10^{-5}$ m/s^2,化探/$\times10^{-6}$)
A1507201001	萨如拉脑塔格嘎查北 16km	出露中晚泥盆世斜方辉石橄榄岩,有白音胡硕典型矿床及乌斯尼黑矿点。航磁化极异常值 250~1250,剩余重力异常值 2~8
A1507201002	萨如拉脑塔格嘎查北 23km	出露中晚泥盆世斜方辉石橄榄岩,有珠尔很沟矿床。航磁化极异常值 250~1250,剩余重力异常值 2~4
A1507201003	沃勒哈图东 2.5km	出露中晚泥盆世斜方辉石橄榄岩及单斜辉石橄榄岩,航磁化极异常值 250~1250,剩余重力异常值 10~15;Ni 元素化探异常为 23~1 794.3
A1507201004	巴彦图门嘎查西南 10km	出露中晚泥盆世斜方辉石橄榄岩,航磁化极异常值 125~625,剩余重力异常值 5~9;Ni 元素化探异常值 149~1 794.3
A1507201005	朝克乌拉西 5.5km	出露中晚泥盆世斜方辉石橄榄岩及单斜辉石橄榄岩,航磁化极异常值 125~1875,剩余重力异常值 10~22;Ni 元素化探异常值 149~1 794.3
B1507201001	萨如拉脑塔格嘎查北 16.5km	该最小预测区位于模型区外围,出露的地质体主要为中晚泥盆世斜方辉石橄榄岩,无已知矿床。区内航磁化极异常值 250~1250,剩余重力异常值 0~8
B1507201002	萨如拉脑塔格嘎查北 24.5km	位于珠尔很沟镍矿外围,出露中晚泥盆世斜方辉石橄榄岩及蚀变辉长岩,航磁化极异常值 250~1250,剩余重力异常值 1~4
B1507201003	沃勒哈图西南 4.5km	出露中晚泥盆世斜方辉石橄榄岩及少量晚侏罗世黑云母花岗岩,航磁化极异常值 250~625,剩余重力异常值 6~10;Ni 元素化探异常值 18~1 794.3

续表 2-4

最小预测区编号	最小预测区名称	最小预测区成矿条件及找矿潜力(航磁/nT,剩余重力/$\times10^{-5}$ m/s^2,化探/$\times10^{-6}$)
B1507201004	巴彦图门嘎查西南 14km	出露中晚泥盆世斜方辉石橄榄岩,航磁化极异常值 375~1250,剩余重力异常值 5~7;Ni 元素化探异常值 18~1 794.3
B1507201005	朝克乌拉苏木东北 8.7km	出露中晚泥盆世蛇纹石化橄榄岩、纯橄榄岩,航磁化极处于负异常中心的局部弱正异常边部,异常值-100~20,剩余重力异常值 9~10;Ni 元素化探异常值 149~1 794.3
B1507201006	朝克乌拉西 8km	出露中晚泥盆世斜方辉石橄榄岩及单斜辉石橄榄岩,航磁化极位于密集的梯度带上,异常值-500~250,剩余重力异常值 10~22;Ni 元素化探异常值149~1 794.3
C1507201001	萨如拉脑塔格嘎查北 17.5km	该最小预测区位于模型区附近,出露的地质体主要为中晚泥盆世斜方辉石橄榄岩,航磁化极异常值 50~1250,剩余重力异常值 0~3
C1507201002	沃勒哈图东南 4.5km	出露中晚泥盆世斜方辉石橄榄岩及单斜辉石橄榄岩,航磁化极异常值 250~1250,剩余重力异常值 10~15;Ni 元素化探异常值 4.1~1 794.3
C1507201003	巴彦图门嘎查西 14.5km	出露中晚泥盆世蛇纹岩,航磁化极异常值 250~625,剩余重力异常值 9~15;Ni 元素化探异常值 149~1 794.3
C1507201004	朝克乌拉苏木西 5km	出露中晚泥盆世斜方辉石橄榄岩及蚀变辉长岩,航磁化极异常值 625~1250,剩余重力异常值 5~8;Ni 元素化探异常值 149~1794.3
C1507201005	朝克乌拉西南 17km	出露中晚泥盆世斜方辉石橄榄岩、单斜辉石橄榄岩、蚀变辉长岩及蛇纹岩,航磁化极位于岛状的弱正异常中心,异常值 125~375,剩余重力异常值 15~22;Ni 元素化探异常值 79~1 794.3

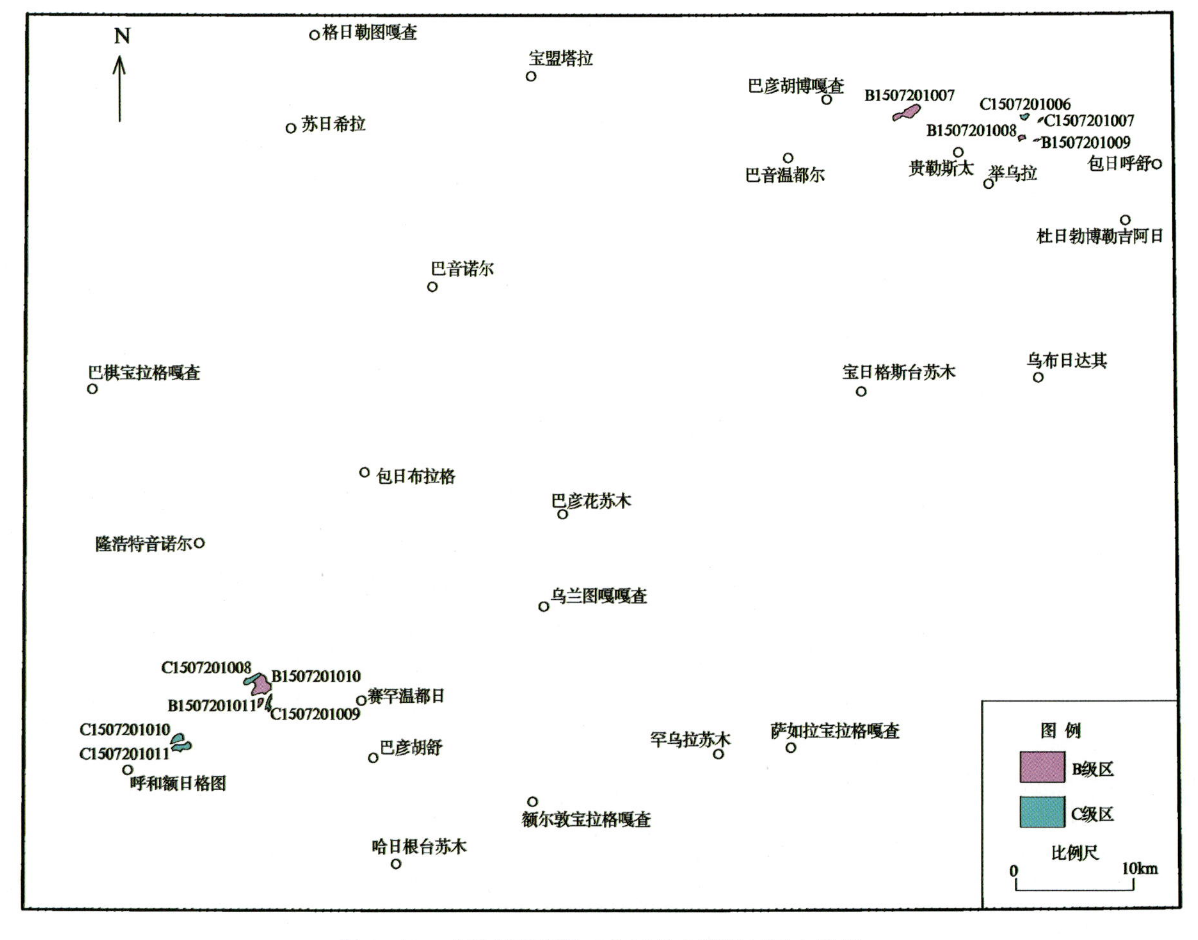

图 2-11 哈登胡硕预测工作区最小预测区圈定结果

表 2-5　白音胡硕式镍矿哈登胡硕预测工作区最小预测区成矿条件及找矿潜力一览表

最小预测区编号	最小预测区名称	最小预测区成矿条件及找矿潜力(单位:航磁 nT,重力 $\times10^{-5}m/s^2$,化探 $\times10^{-6}$)
B1507201007	巴彦胡博嘎查东 7km	出露中晚泥盆世灰绿色中粗粒辉石橄榄岩,航磁化极异常值 −500～1250,处于极为陡倾的梯度带上;位于剩余重力平缓梯度带上,异常值 1～5;Ni 元素化探异常中,异常值 79～18 803
B1507201008	贵勒斯太东偏北 5.5km	出露中晚泥盆世灰绿色中粗粒辉石橄榄岩,航磁化极异常值 50～1250,处于半岛状正异常附近的陡倾梯度带上;位于剩余重力正异常平缓梯度带上,异常值 3～5;处于 Ni 元素化探异常边部,异常值 32～106
B1507201009	贵勒斯太东偏北 6.6km	出露中晚泥盆世灰绿色中粗粒辉石橄榄岩,航磁化极异常值 500～1250,处于较大面积正异常的外侧;位于剩余重力弱正异常中心处,异常值 5～7;处于 Ni 元素化探异常边部,异常值 106～18 803
B1507201010	赛罕温都日西偏北 8.7km	出露中晚泥盆世灰绿色辉绿玢岩,航磁化极异常值 250～1875,处于正异常内;位于剩余重力正异常中,异常值 10～15;处于 Ni 元素化探异常中,异常值 79～18 803
B1507201011	赛罕温都日西 8.5km	出露中晚泥盆世灰绿色辉绿玢岩,航磁化极异常值 −250～250,处于负异常中及梯度带上;位于剩余重力正异常中,异常值 10～15;处于 Ni 元素化探异常中,异常值 149～18 803
C1507201006	贵勒斯太东北 6.4km	出露中晚泥盆世灰绿色中粗粒辉石橄榄岩,航磁化极异常值 250～1250,在其周围为负异常中心;位于剩余重力正异常平缓梯度带上,异常值 3～5;处于 Ni 元素化探异常边部,异常值 44～18 803
C1507201007	贵勒斯太东北 7.5km	出露中晚泥盆世灰绿色中粗粒辉石橄榄岩,航磁化极异常值 100～375,处于负异常中心外围;位于剩余重力正异常平缓梯度带上,异常值 5～6;处于 Ni 元素化探异常边部,异常值 106～18 803
C1507201008	赛罕温都日西偏北 9.6km	出露中晚泥盆世斜方辉石橄榄岩及纯橄榄岩,航磁化极异常值 100～3125,处于正异常中级梯度带上;位于剩余重力正异常中,异常值 10～15;处于 Ni 元素化探异常中,异常值 149～18 803
C1507201009	赛罕温都日西 8km	出露中晚泥盆世灰绿色辉绿玢岩,航磁化极异常值 500～1250;位于剩余重力正异常中,异常值 10～15;处于 Ni 元素化探异常中,异常值 79～18 803
C1507201010	呼和额日格图东北 5km	出露中晚泥盆世灰绿色辉绿玢岩,航磁化极异常值 −100～−25,处于负异常中;位于剩余重力正异常中,异常值 10～15;处于 Ni 元素弱正化探异常处,为 23～58
C1507201011	呼和额日格图东北 4.9km	出露中晚泥盆世灰绿色辉绿玢岩,航磁化极异常值 −125～−25,处于负异常中;位于剩余重力正异常中,异常值 10～15;处于 Ni 元素弱正化探异常处,为 18～58

二、综合信息地质体积法估算资源量

1. 典型矿床深部及外围资源量估算

镍矿床的矿石密度、矿体最大延深、品位、矿床资源量来源于《内蒙古自治区西乌珠穆沁旗白音胡硕矿区镍矿详查报告》(西乌珠穆沁旗富顺镍业有限责任公司,2008)。典型矿床面积($S_{总}$)是根据 1∶2 万矿区成矿要素图圈定的,在 MapGIS 软件下读取面积数据,换算得出。矿床最大延深(即勘探深度)依据

2 勘探线矿钻孔 BK3 等确定(图 2-12)。典型矿床深部及外围资源量估算结果见表 2-6。

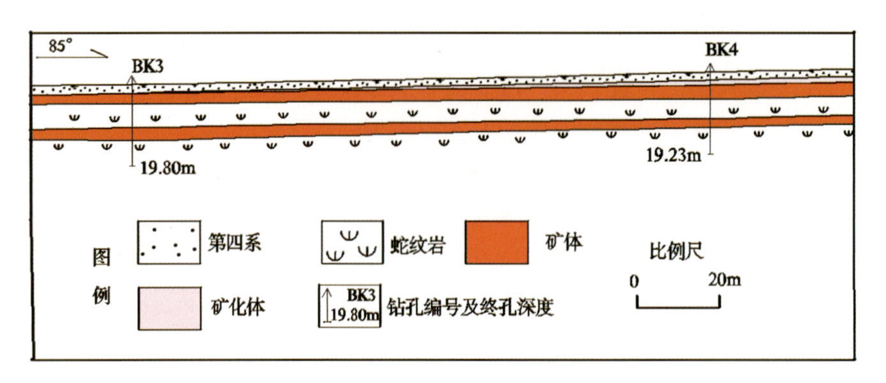

图 2-12　白音胡硕矿区镍矿 2 勘探线剖面图

表 2-6　白音胡硕式镍矿典型矿床深部及外围资源量估算一览表

典型矿床(117°10′37″,44°50′47″)		深部及外围		
已查明资源量(金属量:t)	37 771	深部	面积(m^2)	0
面积(m^2)	749 600		深度(m)	0
深度(m)	15.56	外围	面积(m^2)	1 197 200
品位(%)	0.87		深度(m)	8.7
密度(t/m^3)	1.5	预测资源量(金属量:t)		33 730
体积含矿率(t/m^3)	0.003 238 31	典型矿床资源总量(金属量:t)		71 501

2. 模型区的确定、资源量及估算参数

模型区为典型矿床所在的最小预测区,选取在浩雅尔洪克尔预测工作区内。典型矿床查明镍资源量(金属量)37 771t,预测资源量为 33 730t,模型区镍资源总量为 71 501t,模型区延深与典型矿床最大延深一致;模型区含矿地质体面积与模型区面积一致,含矿地质体面积参数为 1(表 2-7)。模型区含矿地质体含矿系数(K)=资源总量/含矿地质体总体积。

表 2-7　白音胡硕式侵入岩体型镍矿模型区预测资源量及其估算参数表

编号	名称	模型区总资源量(t)	模型区面积(km^2)	延深(m)	含矿地质体面积(m^2)	含矿地质体面积参数	含矿地质体含矿系数(t/m^3)
A1507201001	萨如拉脑塔格嘎查北 16km	71 501	6.24	15.56	6.24	1	0.000 736

3. 最小预测区预测资源量

白音胡硕式侵入岩体型镍矿浩雅尔洪克尔预测工作区、哈登胡硕预测工作区最小预测区资源量定量估算均采用地质参数体积法。

(1)估算参数的确定。预测工作区的圈定与优选采用数学地质方法中的神经网络法。延深是在研究最小预测区含矿地质体地质特征、含矿地质体的深度、矿化蚀变、矿化类型的基础上,再对比典型矿床特征等综合确定的。模型区相似系数为 1,其他最小预测区主要依据地质体出露情况;物探、化探异常规模及分布,断裂分布等进行确定。

(2)最小预测区预测资源量估算结果。浩雅尔洪克尔预测工作区预测资源总量 217 552t,不包括已查明资源总量 37 771t;哈登胡硕预测工作区预测资源总量为 36 041t。各最小预测区的预测资源量见表 2-8。

表 2-8　白音胡硕式侵入岩体型镍矿各最小预测区估算成果表

最小预测区编号	最小预测区名称	$S_{预}$(km²)	$H_{预}$(m)	α	K(t/m³)	$Z_{预}$(t)	精度
浩雅尔洪克尔预测工作区							
A1507201001	萨如拉脑塔格嘎查北 16km	6.24	15.56	1	0.000 736	33 730	334-1
A1507201002	萨如拉脑塔格嘎查北 23km	3.29	15	0.85	0.000 736	7476	334-1
A1507201003	沃勒哈图东 2.5km	23.8	3.5	0.5	0.000 736	30 655	334-3
A1507201004	巴彦图门嘎查西南 10km	6.33	6	0.6	0.000 736	16 772	334-3
A1507201005	朝克乌拉西 5.5km	22.52	3.5	0.5	0.000 736	29 006	334-3
B1507201001	萨如拉脑塔格嘎查北 16.5km	7.68	6	0.4	0.000 736	13 566	334-3
B1507201002	萨如拉脑塔格嘎查北 24.5km	4.82	6	0.45	0.000 736	9579	334-3
B1507201003	沃勒哈图西南 4.5km	12.1	4.5	0.4	0.000 736	16 031	334-3
B1507201004	巴彦图门嘎查西南 14km	2.18	6	0.45	0.000 736	4333	334-3
B1507201005	朝克乌拉苏木东北 8.7km	1.09	6	0.45	0.000 736	2167	334-3
B1507201006	朝克乌拉西 8km	10.54	4.5	0.4	0.000 736	13 964	334-3
C1507201001	萨如拉脑塔格嘎查北 17.5km	3.75	6	0.3	0.000 736	4968	334-3
C1507201002	沃勒哈图东南 4.5km	22.57	3.5	0.25	0.000 736	14 536	334-3
C1507201003	巴彦图门嘎查西 14.5km	1.92	6	0.3	0.000 736	2544	334-3
C1507201004	朝克乌拉苏木西 5km	6.55	6	0.3	0.000 736	8678	334-3
C1507201005	朝克乌拉西南 17km	11.53	4.5	0.25	0.000 736	9547	334-3
哈登胡硕预测工作区							
B1507201007	巴彦胡博嘎查东 7km	1.29	15.56	0.85	0.000 736	12 558	334-2
B1507201008	贵勒斯太东偏北 5.5km	0.17	15	0.8	0.000 736	1502	334-2
B1507201009	贵勒斯太东偏北 6.6km	0.06	15	0.75	0.000 736	497	334-2
B1507201010	赛罕温都日西偏北 8.7km	1.73	15.56	0.7	0.000 736	13 869	334-2
B1507201011	赛罕温都日西 8.5km	0.19	15.56	0.75	0.000 736	1632	334-2
C1507201006	贵勒斯太东北 6.4km	0.23	6	0.65	0.000 736	661	334-3
C1507201007	贵勒斯太东北 7.5km	0.07	6	0.6	0.000 736	186	334-3
C1507201008	赛罕温都日西偏北 9.6km	0.56	6	0.55	0.000 736	1361	334-3
C1507201009	赛罕温都日西 8km	0.32	6	0.65	0.000 736	919	334-3
C1507201010	呼和额日格图东北 5km	0.53	6	0.55	0.000 736	1288	334-3
C1507201011	呼和额日格图东北 4.9km	0.71	6	0.5	0.000 736	1568	334-3

4. 预测工作区资源总量成果汇总

应用地质体积法预测资源量，按最小预测区级别划分为A级、B级、C级；按精度分为334－1、334－2、334－3三种；按矿产预测类型统计，全为侵入岩体型。预测深度均在500m以浅，按可利用性类别、可信度统计见表2－9。

表2－9 白音胡硕式侵入岩体型镍矿浩雅尔洪克尔、哈登胡硕预测工作区资源量估算汇总表

（单位：t）

深度	精度	可利用性		可信度			预测级别	
		可利用	暂不可利用	≥0.75	≥0.5	≥0.25		
浩雅尔洪克尔预测工作区（预测总资源量180 466.00t）								
500m以浅	334－1	33 377	7829	41 206	41 206	41 206	A级	117 639
	334－2	/	/	/	/	/	B级	59 640
	334－3	142 840	33 506	16 772	133 906	176 346	C级	40 273
哈登胡硕预测工作区（预测总资源量36 041.00t）								
500m以浅	334－1	/	/	/	/	/	A级	/
	334－2	24 347	5711	14 060	30 058	30 058	B级	30 058
	334－3	4846	1137	/	5797	5983	C级	5983

第三章　小南山式侵入岩体型镍矿预测成果

第一节　典型矿床特征

一、典型矿床及成矿模式

（一）典型矿床特征

小南山式岩浆型铜镍矿位于四子王旗大井坡乡南东8km处，大地构造位置为白云鄂博裂谷带。

1. 矿区地质

1）地层

矿区出露白云鄂博群哈拉霍疙特组（图3-1）石英岩、变质砂岩、黑灰色泥质板岩、灰黑色红柱石化板岩等；上侏罗统大青山组砂岩、泥岩，夹薄煤层；第四系风积黄土及残坡积碎石。

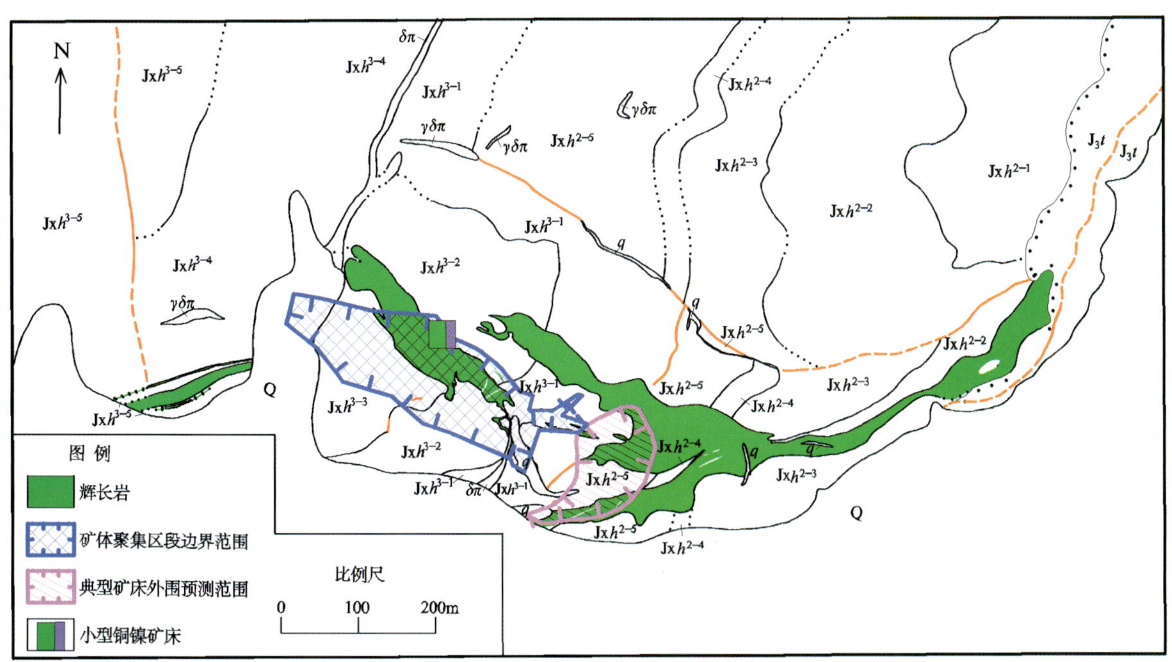

图3-1　小南山铜镍矿地质简图

Q. 第四系冲洪积、坡积、黄土；J_3t. 土城子组：紫红色砾岩、砂岩、泥页岩夹薄层煤；Jxh. 哈拉霍疙特组（Jxh^{3-5}. 泥质灰岩层；Jxh^{3-4}. 泥灰岩与钙质砂岩互层；Jxh^{3-3}. 泥灰岩夹钙质石英砂岩层；Jxh^{3-2}. 泥灰岩与钙质砂岩互层；Jxh^{3-1}. 泥灰岩夹钙质石英砂岩层；Jxh^{2-5}. 变质石英砂岩夹泥灰岩层；Jxh^{2-4}. 泥灰岩层；Jxh^{2-3}. 变质石英砂岩层；Jxh^{2-2}. 变质石英砂岩夹泥灰岩层；Jxh^{2-1}. 变质石英砂岩层）；q. 石英脉；$\gamma\delta\pi$. 花岗闪长斑岩脉；$\delta\pi$. 石英闪长斑岩脉

2)侵入岩

侵入岩主要是辉长岩,为含镍硫化铜矿床的成矿母岩。辉长岩呈不规则脉状沿北东向和北西向两组构造裂隙侵入白云鄂博群,与围岩层理斜交。由于后期构造破坏,由东而西逐次向北错动,形成东部近东西向分布,西部呈北西向分布。长约1250m,一般宽5~50m,最宽可达150~180m,呈一弧形脉状体。岩体蚀变发育,主要为次闪石化、绿泥石化、钠黝帘石化、绢云母化和碳酸盐化,以次闪石化最为常见。辉长岩与次闪石岩呈过渡关系。

3)构造

以北东东向、北西西向和近南北向为主。其中北东东向及北西西向两组压扭性断裂严格控制了辉长岩体。

2. 矿床特征

该矿床由岩浆熔离型矿体和热液型矿体两种不同成因类型的矿体组成。

岩浆熔离型矿体赋存于辉长岩的底板内,形成辉长岩型铜镍矿体,呈似层状、透镜状产出;地表出露长200m,最宽处18m,局部有分枝膨缩现象,总体走向为315°~330°;倾向南西向,倾角55°~80°,向北西向侧伏,垂深可达285m;以浸染状、斑点状矿石为主。

热液型矿体主要赋存于辉长岩体下盘泥灰岩中,形成泥灰岩型铜镍矿体;矿体产状与接触带基本一致或稍有交角;分布在辉长岩体上盘的矿体多沿围岩层理贯入;矿体地表出露长50m,断续延伸达300m,厚2~14m;矿石主要呈网脉状产出。金属矿物主要为黄铁矿、紫硫镍铁矿、黄铜矿、磁黄铁矿、辉铜矿,少量为斑铜矿、辉砷钴镍矿、锑针镍矿、方黄铜矿、闪锌矿、镍矿、辉砷钴镍矿等。主要铂族矿物为砷铂矿、硫锇钌矿、碲钯矿、锑碲钯矿等。脉石矿物主要为方解石、白云石、次闪石、绿泥石、长石、石英、绿帘石等。该矿床铜镍及铂族元素的平均品位分别为:Cu 0.46%,Ni 0.64%,Co 0.02%,Pt 0.4×10^{-6},Pd 0.44×10^{-6},Os 0.04×10^{-6},Ir 0.03×10^{-6},Rh 0.02×10^{-6},Ru 0.04×10^{-6},Au 0.4×10^{-6}。

3. 矿石特征

自然类型为氧化铜镍矿石、原生铜镍矿石,工业类型为硫化矿石。

4. 围岩蚀变

围岩蚀变主要为次闪石化、绿泥石化、钠黝帘石化、绢云母化。

5. 矿床的地球物理特征

激电异常显示较强的极化率异常,ηs 值最高可达5%;高磁异常弱,强度为5~30nT;化探异常为Cu、Ni、Co组合异常,Cu>$10\ 000\times10^{-6}$、Ni 2500×10^{-6}、As>30×10^{-6}、Co 160×10^{-6}、Ag 72×10^{-6}。

6. 矿床成因及成矿时代

镍矿床为岩浆熔离型矿床,成矿时代为志留纪—二叠纪。

(二)矿床成矿模式

小南山铜镍矿床成矿分两个主要阶段,岩浆熔离阶段和热液交代成矿阶段。

岩浆熔离阶段,含金属硫化矿物的基性—超基性岩浆沿构造裂隙侵入后,由于温度下降,铁镁矿物开始大量结晶,硅钙铝组分相对增加,金属硫化物从硅酸盐熔浆中熔离出来,在岩体尚未固结之前,由于重力作用硫化物熔浆向岩体底部下沉,分布于先结晶的硅酸盐矿物颗粒之间,形成了少量似海绵陨铁结构和稀疏浸染状构造的底部矿体(图3-2);另一部分金属硫化物仍分散残存于整个岩体中,致使大部分岩体底部尚未熔离成矿,仅在岩体局部有利地段,形成了较贫的工业矿体。

热液交代成矿阶段，在金属硫化物发生熔离作用的基础上，含矿热液沿构造破碎带多次上升，对矿体和围岩发生交代，在化学性质较活泼的泥灰岩中形成了中低温热液交代型矿体。

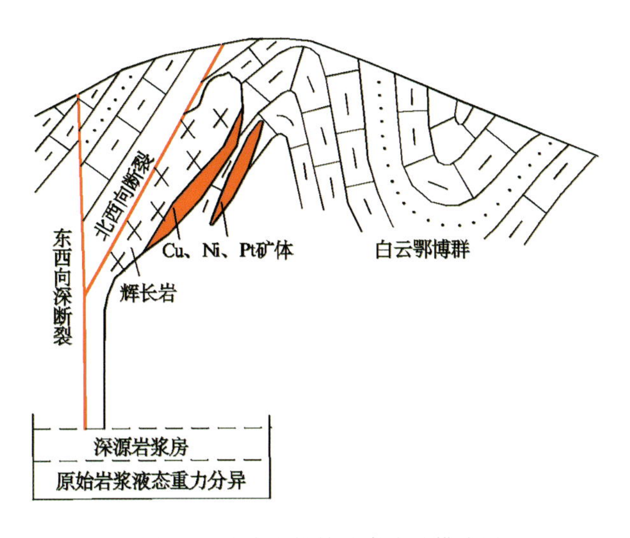

图 3-2 小南山铜镍矿床成矿模式图

二、典型矿床物探特征

1. 重力

小南山铜镍矿在布格重力异常图上位于宝音图-白云鄂博-商都重力低值带上，东西两侧重力相对较高。布格重力等值线基本上东西向展布，矿区位于条带状低重力异常带两个极值间的平稳区域场，Δg 为(−172.00～−170.00)×10^{-5} m/s^2。在剩余重力异常图上(图 3-3)，小南山铜镍矿在 L 蒙-566 负异常边缘，该负异常区与酸性侵入岩有关，矿区北部 G 蒙-557 正异常为古生代地层的反映。由线状重力等值线密集带或水平一阶导数线状异常(或串珠状异常)推断在矿区南北两侧有近东西向断裂存在。

2. 激电

矿区极化率异常较强，ηs 最高 5%。

3. 航磁、地磁

1∶25 万航磁平面等值线图显示，矿区磁场为低缓平稳的负磁场，场值−20nT 左右。1∶5 万航磁平面等值线图上为零值附近的平稳磁场。地磁异常强度为 30～50nT。

三、典型矿床地球化学特征

与预测工作区相比，小南山矿区周围存在 Ni、Cr、Fe_2O_3、V 等元素及化合物组成的背景、高背景区，Ni 为主成矿元素，Cr、Fe_2O_3、V 在矿区周围呈背景、高背景分布(图 3-3)。

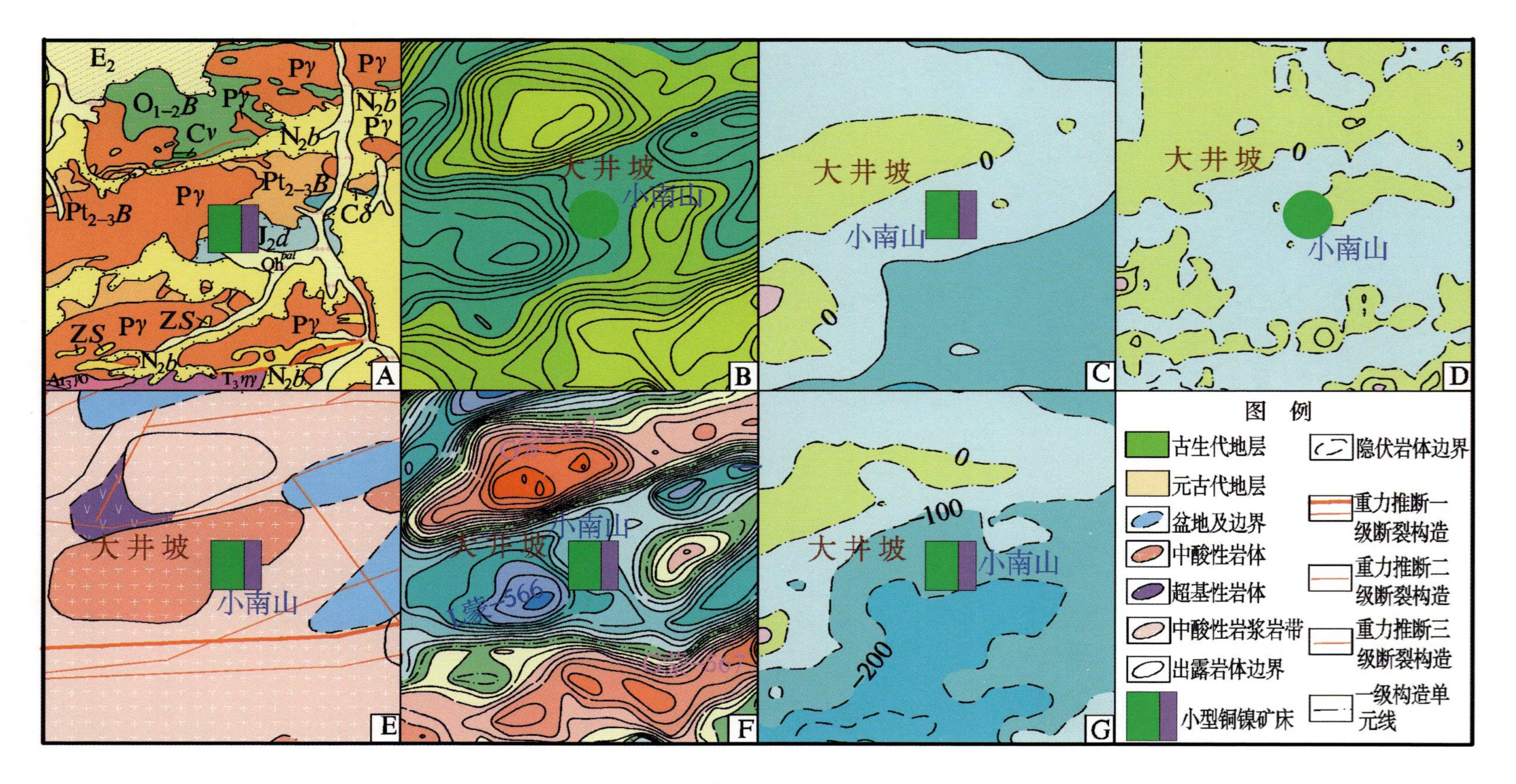

图 3－3　小南山铜镍矿床所在区域地质-重力、航磁剖析图

A. 地质矿产图；B. 布格重力异常图；C. 航磁 ΔT 等值线平面图；D. 航磁 ΔT 化极垂向一阶导数等值线平面图；E. 重力推断地质构造图；F. 剩余重力异常图；G. 航磁 ΔT 化极等值线平面图。其中 A 图：Qh^{pal}. 第四系全新统洪冲积；N_2b. 宝格达乌拉组；E_2. 古近系始新统；J_2d. 大青山组；$O_{1-2}B$. 包尔汉图群；ZS. 什那干群；$Pt_{2-3}B$. 白云鄂博群；$T_3\eta\gamma$. 晚三叠世二长花岗岩；$P\gamma$. 二叠纪花岗岩；$C\delta$. 石炭纪闪长岩；$Ar_3\gamma o$. 新太古代斜长花岗岩

四、典型矿床遥感特征

小南山铜镍矿位于大隐伏岩体引起环形构造的边部，此环边部以及与韧性剪切带相交部位，是寻找新的镍矿的有利地段。

五、典型矿床预测模型

根据典型矿床成矿要素和矿区地磁、区域重力资料，确定典型矿床预测要素(表3-1)，编制典型矿床预测要素图。采用矿床所在地区的系列图表达典型矿床预测模型(图3-3)。

表3-1　小南山铜镍矿典型矿床预测要素表

预测要素		内容描述	要素类别
储量		镍金属量12 556t;铜9039t　平均品位　Cu 0.458%;Ni 0.636%	
特征描述		与基性岩有关的岩浆熔离型铜镍矿床	
地质环境	构造背景	Ⅱ华北陆块区;Ⅱ-4狼山-阴山陆块(大陆边缘岩浆弧Pz_2);Ⅱ-4-3狼山-白云鄂博裂谷(Pt_2)	重要
	地质环境	出露白云鄂博群哈拉霍疙特组;辉长岩是本区含铜镍矿床的成矿母岩;北东东向、北西西向两组压扭性断裂严格控制了辉长岩体	重要
	成矿时代	志留纪—二叠纪	重要
矿床特征	矿体形态	似层状、透镜状	次要
	岩石类型	辉长岩	必要
	岩石结构	辉长结构	次要
	矿物组合	金属矿物主要为黄铁矿、紫硫镍铁矿、黄铜矿、磁黄铁矿、辉铜矿;少量为斑铜矿、辉砷钴镍矿、锑针镍矿、方黄铜矿、闪锌矿、镍矿、辉砷钴镍矿等	次要
	结构构造	结构:交代结构、他形粒状结构、假象交代结构和残晶结构 构造:细脉浸染状、斑点状、网脉状、块状及角砾状	次要
	蚀变特征	次闪石化、绿泥石化、钠黝帘石化、绢云母化	次要
	控矿条件	北东东向、北西西向断裂及辉长岩体	必要
地球物理特征	重力	位于宝音图-白云鄂博-商都重力低值带，矿床周边布格重力异常最高值$-155.97\times10^{-5}m/s^2$，最低值$-183.23\times10^{-5}m/s^2$。剩余重力异常图中镍矿床位于正负异常之间的负值区，西侧为东西走向负异常，极值$-12.07\times10^{-5}m/s^2$，东侧正异常极值$4.59\times10^{-5}m/s^2$	次要
	磁法	整体表现为弱正磁场背景，北西部稍强，最高达130nT	重要
地球化学特征		矿床附近形成了Cu、Ni、Co、As、Ag、Cd、Sb组合异常，Cu、Ni为主成矿元素，Co、As、Ag、Cd、Sb为主要的共(伴)生元素，Cu元素在矿区周围沿不整合地质线呈高背景分布，存在明显的浓集中心	重要

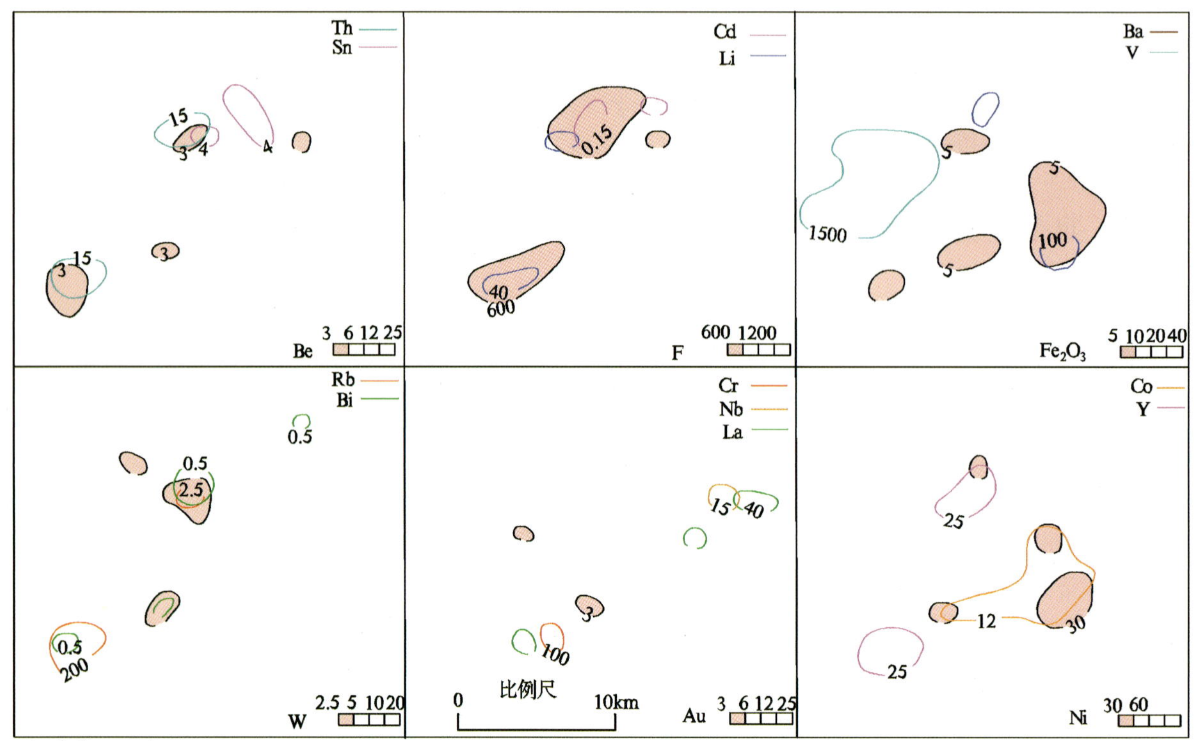

注：单位×10^{-6}。

图 3-4　小南山铜镍矿床所在区域化探异常图

第二节　预测工作区研究

该预测类型共选取了三个预测工作区，四子王旗小南山预测工作区，范围为：东经 111°15′—111°40′，北纬 41°40′—41°50′；乌拉特后旗预测工作区，范围为：东经 106°45′—107°00′，北纬 41°00′—41°30′；乌拉特中旗预测工作区，范围为：东经 107°30′—109°45′，北纬 41°10′—41°50′。

一、区域地质特征

（一）成矿地质背景

1. 小南山预测工作区

1）地层

从新到老为第四系（Qh），新近系上新统宝格达乌拉组（N_2b），上侏罗统大青山组（J_3d），白云鄂博群比鲁特组（Jx*b*）、哈拉霍疙特组（Jx*h*）、尖山组（Ch*j*）、都拉哈拉组（Ch*d*）。其中哈拉霍疙特组与成矿有关，岩性为浅灰色含砾钙质中粗粒砂岩、钙质中粗粒石英砂岩、灰色含粉砂粉晶灰岩夹钙质石英砂岩、灰色粉砂质泥晶灰岩、灰色藻礁灰岩等。

2)侵入岩

一期为中二叠世浅肉红色中粗粒花岗岩，另一期为辉长岩。辉长岩呈灰绿色，辉长结构，块状构造，主要由斜长石(45%)、辉石(35%)、角闪石(15%)、磁铁矿(5%)组成，化学成分及含量为 SiO_2 46.2%、Na_2O 1.54%、K_2O 0.28%、Fe_2O_3 5.58%～7.66%、MgO 4.7%～9.09%、$Na_2O>K_2O$，$Mg^{\#}=0.52$～0.74，A/CNK=0.55，属偏铝质低钾拉斑系列岩石类型，锆石 U－Pb 同位素年龄资料显示，辉长岩时代应为志留纪。

3)构造

预测工作区主体部分位于川井-化德-赤峰大断裂带以南，构造不发育，主要以北东东向及北西西向断裂为主，未见褶皱构造。

2. 乌拉特后旗预测工作区

1)地层

矿区出露中太古界乌拉山岩群黑云(角闪)斜长(二长)片麻岩-斜长角闪岩含铁变质建造，古元古界宝音图岩群十字蓝晶云英片岩-绿片岩变质建造，中元古界渣尔泰群砂岩、粉砂岩、泥岩-碳酸盐岩建造，下二叠统大红山组复成分砂砾岩建造，中生代正常碎屑岩建造。

2)侵入岩

有太古宙、元古宙、古生代和中生代岩体，从分布看侵入岩严格受构造控制，呈北东走向，岩性从酸性到基性、超基性均有出露。基性岩、超基性岩出露极少，但与镍、钴、铜矿关系密切。乌拉特后旗额布图小型镍矿床和杭锦旗别力盖庙镍钴铜矿化点均产自基性—超基性岩小岩体内，额布图小岩株共有3处，最长一处长800m，宽400m，别力盖庙基性—超基性岩体，东西长2.7km，宽0.6km。

东升庙西北10km处的基性岩——辉长岩，1∶5万区域地质调查采同位素样品，经测算得到其年龄值达10.11Ga，为中元古代辉长岩体，它与镍钴矿化无关，本次预测不包括该岩体。

3)构造

预测工作区位于狼山-阴山陆块、狼山-白云鄂博裂谷西端。区内构造活动频繁，地质构造复杂，各种构造形迹发育。

预测工作区南北两侧受到北东向断裂控制，岩体之间、岩体内及岩体和地层接触处均可见到规模不等的压扭性断裂存在，既破坏了岩体的完整性，也破坏了地层层序。预测工作区中部乌拉山岩群压扭性断裂发育，一般规模比较大，几千米到数十千米不等。

预测工作区北西向断裂多以张扭性断裂为主，规模小，经常成群出现，为后期成矿作用提供了良好的空间，张扭性的断裂一般不会影响总体的构造格局，只是在局部增加了破坏程度。褶皱构造多见于乌拉山岩群，多期叠加改造作用明显，片理化作用大大增强。

中元古界渣尔泰群褶皱作用明显低于中太古界乌拉山岩群，褶皱形态趋于完整，多以开阔褶皱为主，只有局部才会出现线形褶曲。

3. 乌拉特中旗预测工作区

1)地层

新生界仅有新近系，中生界有侏罗系、白垩系，古生界有二叠系，中元古界有白云鄂博群、渣尔泰群，新太古界有色尔腾群，中太古界乌拉山岩群。

2)侵入岩

预测工作区内岩浆活动强烈，侵入岩分布广泛，约占预测工作区基岩面积的70%以上，出露期次较全，自新太古代至中生代均有分布，尤其是古生代中晚期和印支期侵入活动最为突出。古生代中晚期侵入活动达到高峰，不但规模大，从酸性、中性到基性、超基性均有分布。基性岩、超基性岩规模不大，多以小岩株产出，且分布零散，在预测工作区内各处都有分布。

3)构造

预测工作区构造极为复杂,断裂构造以东西向为主,北东向、北西向次之。东西向大多为逆断层和逆掩断层,规模巨大,长达数十千米。断层沿走向呈弯曲状,断面倾向北西向或北东向,倾角一般为50°～70°,断层附近岩石破碎,有断层角砾和断层泥存在。断层多有分叉现象,并有后期脉岩贯入。近东西向的正断层规模也非常巨大,一般延伸数十千米之上,发育百余米宽的破碎带,有断层角砾岩和断层泥存在,地貌上形成长而直的河谷。

北西向断裂不发育,多为平推正断层,其他性质不明。北东向断裂多为平推断层,有正断层和逆断层,断层两侧地层走向明显不一致,沿断层发育有石英脉。

褶皱构造多发生在古生代以前的地层中,中太古界哈达门沟组历经多次构造运动,现存褶皱发生了巨大变化,如被错断、拉长等。渣尔泰群的褶皱构造相对比较简单。二叠纪褶皱构造主要是一些北西向、北西西向、北北西向的短轴背向斜,受后期岩体、断裂影响,构造形态已被破坏,残缺不全。

(二)区域成矿模式

本地区镍矿床主要与晚古生代超基性杂岩体有关,受深大断裂控制(图 3-5、图 3-6),沿华北陆块北缘狼山-阴山陆块(大陆边缘岩浆弧)、狼山-白云鄂博裂谷展布。

辉长岩是上地幔玄武岩浆分离结晶作用的产物,本区与辉长岩体密切相关的岩浆熔离型铜镍矿成矿物质来源于上地幔,晚期热液交代阶段可能淬取部分围岩中的有用组分。

本区岩浆型铜镍矿床矿石中有用元素主要为铜、镍,可综合利用铂、钌、钯及锇。金属矿物主要为黄铁矿、紫硫镍铁矿、黄铜矿、磁黄铁矿、辉铜矿,少量为斑铜矿、辉砷钴镍矿、锑针镍矿、方黄铜矿、闪锌矿、镍矿、辉砷钴镍矿等。主要铂族矿物为砷铂矿、硫锇钌矿、碲钯矿、锑碲钯矿等。

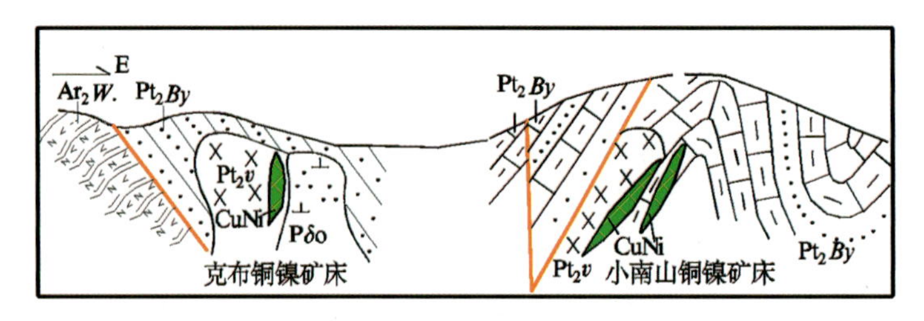

图 3-5　小南山式铜镍硫化物矿床区域成矿模式图

Pt_2By.白云鄂博群;Ar_2W.. 乌拉山岩群;$P\delta o$. 二叠纪石英闪长岩;$Pt_2\upsilon$. 中元古代辉长岩;CuNi. 铜镍矿体

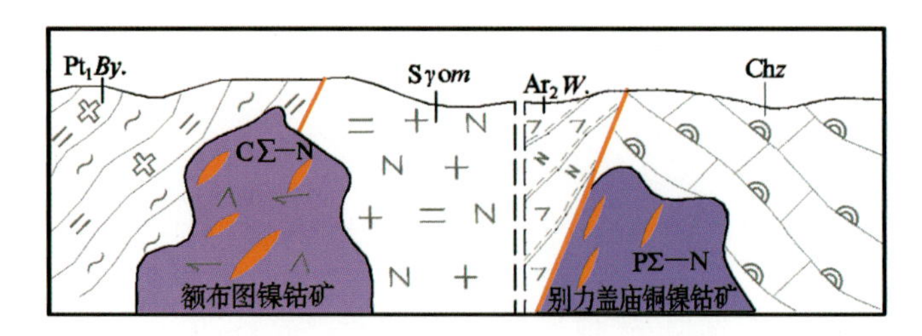

图 3-6　乌拉特后旗预测工作区区域成矿模式图

Chz. 增隆昌组;Pt_1By.. 宝音图岩群;Ar_2W.. 乌拉山岩群;PΣ—N. 二叠纪超基性—基性岩类;CΣ—N. 石炭纪超基性—基性岩类;$S\gamma om$. 志留纪白云母斜长花岗岩

二、区域地球物理特征

(一)重力

1. 小南山预测工作区

预测工作区位于宝音图-白云鄂博-商都布格重力低值带中段,布格重力场值变化不大,大部分区域表现为宽缓的低值区,中南部有一近似椭圆的高值区,布格重力场值范围是$(-168.92\sim-163.74)\times10^{-5}m/s^2$。

剩余重力异常图上,区内西北和东南区域对应布格重力异常高值区,剩余重力值表现为正异常;在预测工作区西南部和中部有明显剩余重力负异常。

预测工作区西部为大面积剩余重力负异常区,是中酸性岩体的表现,预测工作区东南具有一定走向的局部重力低异常,是中新生代盆地的反映,区内的局部重力高异常与元古宙地层有关。

预测工作区东南角正异常北侧具有被明显错断或扭曲等重力异常特征,推断这里存在一条断裂(F蒙-01315)。结合地质资料推断区内还有一些北东向、北西向的规模较小的断裂构造。

在该预测工作区中,推断断裂构造4条、中酸性岩体2个、基性—超基性岩体2个、地层单元3个、中新生代盆地3个。

2. 乌拉特后旗预测工作区

预测工作区布格重力异常图上重力场呈条带状分布,其重力场总体为北东走向,区域重力场最低值$\Delta g_{min}\approx-228.00\times10^{-5}m/s^2$,最高值$\Delta g_{max}=-144.58\times10^{-5}m/s^2$。

剩余重力异常图上异常正负相间,走向以北东向为主。中部剩余重力负异常最低值为$-5.39\times10^{-5}m/s^2$,南部剩余重力正异常最高值为$21.48\times10^{-5}m/s^2$。

预测工作区北部的剩余重力正异常及南部的北东向条带状剩余重力正异常对应布格重力高异常区,极值为$21.48\times10^{-5}m/s^2$,地表局部出露乌拉山岩群、宝音图岩群,推断为元古宇—太古宇基底隆起所致。预测工作区中部北东走向的负异常带(L蒙-696)大面积出露酸性岩体。预测工作区东南部的条带状剩余重力负异常边部等值线密集,地表被新生界覆盖,推断是河套盆地边缘。

中部偏北的高低异常过渡带重力等值线密集带断续分布,等值线同向弯曲,推断此处为断裂构造,即临河-集宁断裂(F蒙-02027)。

在该预测工作区内,推断断裂构造9条、中酸性岩体1个、地层单元3个、中新生代盆地2个。

3. 乌拉特中旗预测工作区

预测工作区总体区域重力场值较高,只在该区西南区域分布近东西走向的低异常,大致以乌加河镇为界,以南为重力场值较低区域,以北则为大面积高值区。区域重力场最低值$\Delta g_{min}=-175.87\times10^{-5}m/s^2$,最高值$\Delta g_{max}=-116.25\times10^{-5}m/s^2$。

与布格重力低异常区对应的剩余重力负异常,走向呈东西向,形态呈条带状(L蒙-663),在其北侧是一同向分布的正异常(G蒙-662),剩余重力正异常最高值为$29.01\times10^{-5}m/s^2$。在预测工作区北部分布有走向北东东向转南东向的三个正异常。

预测工作区两处布格重力高值区域对应范围较大的条带状剩余重力正异常(G蒙-660、G蒙-662),极值高达$(19.73\sim29.01)\times10^{-5}m/s^2$。这一带地表局部出露太古宇、元古宇,推断区域重力高异常带与基底隆起有关。预测工作区中部和西南部的两个剩余重力负异常区地表为第四系,推断为中新生代沉积盆地。其余小规模的局部重力低异常一般为中酸性岩体的表现。

纵观全区，有北东向、北西向、近东西向多条重力等值线密集带分布，推断为深大断裂构造，即北部的临河-集宁断裂(F蒙-02027)、预测工作区西南的狼山-渣尔泰山南缘断裂(F蒙-02037)、乌拉特前旗-固阳断裂(F蒙-02044)。

在该预测工作区，推断解释断裂构造47条、中酸性岩体3个、基性—超基性岩体1个、地层单元10个、中新生代盆地4个。

(二)航磁

1. 小南山预测工作区

在1∶5万航磁ΔT等值线平面图上，预测工作区磁异常幅值范围为－250～500nT，以负磁场为背景(－100～50nT)，南部为大面积负磁场，梯度变化小，北部磁场磁异常形态杂乱，正负相间，多为不规则带状及椭圆状。预测工作区磁异常轴向及ΔT等值线延伸方向以北东向为主。小南山岩浆型镍矿床位于负磁场背景中的低缓正磁异常区(50nT等值线附近)。磁法推断的断裂构造以北东向为主，磁场标志多为不同磁场区分界线及串珠状异常。西部磁异常推断为侵入岩体引起，东部磁异常推断由火山岩地层引起。磁法推断断裂2条、中酸性岩体5个、火山岩地层2个。

2. 乌拉特后旗预测工作区

在1∶5万航磁ΔT等值线平面图上，预测工作区磁异常幅值范围－125～250nT，整个预测工作区以－50nT左右的平稳负磁场为背景，正磁异常主要集中在西部，形态规则，正负相间，为孤立的椭圆形，呈南北排列。额布图铜镍矿床位于椭圆形正磁异常中(200nT等值线附近)。该预测工作区内磁法推断的断裂构造以北东向为主，磁场标志多为不同磁场区分界线及磁异常梯度带。最北端椭圆形磁异常推断由酸性侵入岩体引起，其他正磁异常推断由变质地层引起。共推断断裂5条、中酸性岩体3个、变质地层3个，与成矿有关的断裂1条，位于预测工作区北部，走向为北东向。

3. 乌拉特中旗预测工作区

在1∶5万航磁ΔT等值线平面图上，预测工作区磁异常幅值范围－375～625nT，以负磁场为背景，其间分布正磁异常，形态杂乱，多为不规则带状及片状。除预测工作区中部有4处磁异常幅值相对较高外，其他磁异常相对平缓。预测工作区磁异常轴向及ΔT等值线延伸方向以东西向为主。克布镍矿床以平缓负磁场为背景，处在北西西向磁异常的边部。磁场特征显示有北西向断裂穿过。

预测工作区磁法推断的断裂构造以北东向和北西向为主，磁场标志多为不同磁场区分界线及磁异常梯度带。预测工作区除了东部中间的平缓带状异常推断为火山岩地层引起外，其他磁异常推断由侵入岩体引起，西部串珠状异常推断为基性岩类引起。推断断裂18条、中酸性岩体50个、火山岩地层单元1个、基性岩体12个、中基性岩体4个，与成矿有关的断裂构造1条，位于预测工作区北部，走向为北西向。

三、区域地球化学特征

1. 小南山预测工作区

区域上分布有Cr、Fe_2O_3、Co、Ni、Mn、V、Ti等元素(化合物)组成的高背景区带，在高背景区带中有以Fe_2O_3、Co、Ni、Mn、Ti、V为主的多元素(化合物)局部异常。预测工作区内共有7处Cr异常、2处Co异常、3处Fe_2O_3异常、3处Mn异常、4处Ni异常、1处Ti异常、3处V异常。

预测工作区上Ni、Cr、Co、Fe_2O_3、Mn、Ti、V多呈背景、高背景分布，Ni具有明显的浓度分带，但浓集中心不明显；Cr在预测工作区西部存在局部低背景区，在吉生太乡存在明显的局部异常，具有明显的浓度分带和浓集中心；Co在老生沟地区存在规模较小的局部异常；Fe_2O_3、Mn、Ti、V在大井坡乡、老圈滩村地区存在局部低背景区，在老生沟以西存在Fe_2O_3、Ti、V的局部高背景区，具有明显的浓度分带和浓集中心；在上达尔木盖地区Fe_2O_3、Mn呈高背景分布，具有明显的浓度分带和浓集中心。

预测工作区元素异常套合较好有Z-1和Z-2，Z-1组合异常元素（化合物）有Fe_2O_3、Co、Ni、V、Ti，异常套合较好，呈闭合环状分布；Z-2组合异常元素（化合物）有Fe_2O_3、Co、Ni、Mn，异常套合较好，呈闭合环状分布。

2. 乌拉特后旗预测工作区

区域上分布有Cr、Fe_2O_3、Co、Ni、Mn、V、Ti等元素（化合物）组成的高背景区带，在高背景区带中有以Cr、Fe_2O_3、Co、Ni、Mn、V、Ti为主的多元素（化合物）局部异常。预测工作区内共有7处Cr异常、7处Co异常、9处Fe_2O_3异常、2处Mn异常、7处Ni异常、3处Ti异常、5处V异常。

浩依尔呼都格—乌兰敖包地区Ni呈低背景分布，在舒布图音阿木—乌根高勒苏木地区存在明显Ni局部异常，具有明显的浓度分带；在哈沙图—巴尔章音阿木—乌根高勒苏木地区存在Cr、Fe_2O_3、Co、V、Ti的背景、高背景区，Cr具有明显的浓集中心，异常强度较高，呈北东向带状分布；在乌苏台—哈沙图地区存在Fe_2O_3、V局部异常，浓集中心明显，强度较高，范围较大；Mn在预测工作区多呈背景、低背景分布。

预测工作区元素异常套合较好的有Z-1至Z-3，Z-1和Z-3组合异常元素（化合物）为Cr、Fe_2O_3、Co、Ni、V，元素异常套合较好，呈闭合环状分布，Z-1中Ni具有明显的浓度分带和浓集中心；Z-2组合异常元素（化合物）有Cr、Fe_2O_3、Co、Ni、Mn、Ti、V，异常套合较好，呈同心环状分布。

3. 乌拉特中旗预测工作区

区域上分布有Cr、Fe_2O_3、Co、Ni、Mn、V、Ti等元素（化合物）组成的高背景区带，在高背景区带中有以Cr、Fe_2O_3、Co、Ni、V为主的多元素局部异常。预测区内共有34处Cr异常、26处Co异常、25处Fe_2O_3异常、16处Mn异常、27处Ni异常、17处Ti异常、19处V异常。

Ni、Cr、Co多呈背景、高背景分布，仅在预测工作区北部和西部存在局部低背景区，高背景区内存在明显的Ni、Cr、Co局部异常，具有明显的浓度分带和浓集中心，规模较大的浓集中心主要分布于扎木呼都格、超浩尔亥高勒、脑自更、格日楚鲁和克布地区，Ni、Cr、Co异常套合较好；Fe_2O_3、Mn、Ti、V在预测工作区北部和西部呈背景、低背景分布，具有明显的浓度分带和浓集中心；异常套合较好的组合异常编号为Z-1至Z-7，Z-2和Z-4的异常元素（化合物）为Cr、Fe_2O_3、Co、Ni、Mn、V，异常套合较好，呈闭合圈状分布，Z-1、Z-3、Z-5、Z-6和Z-7中Ni、Cr、Fe_2O_3、Co、Mn、V、Ti套合较好，Cr异常强度高，具有明显的浓度分带和浓集中心。

四、区域遥感特征

1. 小南山预测工作区

预测工作区内解译出华北陆块北缘近东西向巨型断裂带、中小型构造30多条。西部地区的小型构造主要集中在华北陆块北缘巨型断裂带和腮忽洞村-西红山子构造之间的地区，构造走向以北东向和北西西向为主。共圈定出3个最小预测区。

1号最小预测区：吉生太乡环形构造通过该区，小南山小型镍矿矿点位于其中。

2号最小预测区：若干条小型构造通过该区，并在该区域内相交，腮忽洞村-西红山子环形构造F_2位于该区域内。

3 号最小预测区：若干条小型构造通过该区，并在该区域内相交，查干补力格苏木以北环形构造 F_3、F_5 通过该区域。

2. 乌拉特中旗预测工作区

预测工作区内解译出华北陆块北缘巨型断裂带 1 条、狼山南北向大型断裂带 1 条，解译出中小型构造 600 余条，主要在预测工作区内东西两侧分布，西部区的以北东向和北北东向为主，东部区的分布较为密集，以北西西向为主。

预测工作区内环形构造比较发育，共解译出环形构造 120 余处，主要由中生代—古生代花岗岩类、隐伏岩体、火山口、火山机构或通道、构造穹隆或构造盆地、褶皱、断裂等引起。大部分环形构造集中在东部地区。共圈定出 13 个最小预测区。

1 号、2 号最小预测区：若干小型构造在该区内相交，有小块状异常及其组合异常在区域内分布，小型镍矿位于 1 号最小预测区内，区域内有明显条状色异常。

3 号最小预测区：若干小型构造在该区内相交，有大片状异常及其组合异常在区域内分布，区域内有明显条状色异常。

4～7 号最小预测区：若干小型构造及环形构造通过该区域，有大片状异常及其组合异常在区域内分布，区域内有明显条状色异常。

8～9 号最小预测区：若干小型构造及环形构造通过该区域，有条带状异常在区域内分布，区域内有明显条状色异常。有已知的矿床和矿(化)点。

10～12 号最小预测区：环形构造位于区域内。

13 号最小预测区：新忽热苏木断裂 F_{20} 小型构造通过该区域，道日乌陶海东环状构造位于该区域，与该区域套合良好，有小片状异常及其组合异常在区域内分布，区域内有明显条状色异常。

五、区域预测模型

根据预测工作区区域成矿要素和化探、航磁、重力、遥感，建立了预测工作区的区域预测要素(表 3-2～表 3-4)。预测要素图以成矿要素图为基础，把物探、遥感及化探等的线(面)文件全部叠加其上。预测模型图的编制，以地质剖面图为基础，叠加区域航磁、重力、化探剖面图而形成(图 3-7～图 3-9)。

表 3-2 小南山式侵入岩体型铜镍矿床小南山预测工作区区域预测要素表

区域预测要素		描述内容	要素类别
地质环境	大地构造位置	Ⅱ华北陆块区；Ⅱ-4 狼山-阴山陆块(大陆边缘岩浆弧 Pz_2)；Ⅱ-4-3 狼山-白云鄂博裂谷(Pt_2)	重要
	成矿区(带)	滨太平洋成矿域(叠加在古亚洲成矿域之上)(Ⅰ级)，华北成矿省(Ⅱ级)，华北地台北缘西段金、铁、铌、稀土、铜、铅、锌、银、镍、铂、钨、石墨、白云母成矿带(Ⅲ-11)、白云鄂博-商都金、铁、铌、稀土、铜、镍成矿亚带(Ⅲ-11-①)	重要
	区域成矿类型及成矿期	岩浆熔离型镍矿，志留纪—二叠纪	重要
控矿地质条件	赋矿地质体及控矿侵入岩	辉长岩	必要
	控矿构造	北东东向及北西西向断裂	次要
区内相同类型矿产		已知小型矿床 1 处	重要

续表 3-2

区域预测要素		描述内容	要素类别
地球物理特征	重力	布格重力异常图上预测工作区位于宝音图-白云鄂博-商都重力低值带，西北部和东南部表现为高异常，中部表现为低异常。剩余重力异常图，区内西北和东南区域对应布格重力异常高值区，剩余重力值表现为正异常，编号G蒙-557、G蒙-567。在预测工作区西南部和中部剩余重力有明显负值带	次要
	磁法	在1∶5万航磁 ΔT 等值线平面图上，预测工作区磁异常幅值范围为 $-250\sim500$nT，以负磁场为背景，背景值为 $-100\sim50$nT，小南山镍矿处于负磁场背景中的低缓正磁异常区（50nT等值线附近）	重要
地球化学特征		Ni多呈背景、高背景分布，具有明显的浓度分带，浓集中心不明显	重要

表 3-3　小南山式侵入岩体型铜镍矿床乌拉特后旗预测工作区区域预测要素表

区域预测要素		描述内容	要素类别
地质环境	大地构造位置	Ⅱ华北陆块区；Ⅱ-4狼山-阴山陆块（大陆边缘岩浆弧 Pz_2）；Ⅱ-4-3狼山-白云鄂博裂谷（Pt_2）	重要
	成矿区（带）	滨太平洋成矿域（叠加在古亚洲成矿域之上），华北成矿省，华北地台北缘西段金、铁、铌、稀土、铜、铅、锌、银、镍、铂、钨、石墨、白云母成矿带，狼山-渣尔泰山铅、锌、金、铁、铜、铂、镍成矿亚带	重要
	区域成矿类型及成矿期	岩浆型，海西中晚期	重要
控矿地质条件	赋矿地质体	海西中期超基性岩体	重要
	控矿侵入岩	二叠纪纯橄榄岩、二辉橄榄岩；石炭纪次闪石化辉长岩、橄榄辉石岩、角闪辉石岩、辉石角闪岩、白云母斜长花岗岩	必要
	主要控矿构造	北北东向及北西西向两组压扭性断裂	重要
区内相同类型矿产		1处小型矿床、1处矿点	重要
地球物理特征	重力	区域重力场呈条带状分布，其重力场总体为北东走向，区域重力场最低值 $\Delta g_{min}=-216.00\times10^{-5}\ m/s^2$，最高值 $\Delta g_{max}=-153.58\times10^{-5}\ m/s^2$。剩余重力异常大体北东走向，中部剩余重力负异常 $-6.04\times10^{-5}\ m/s^2$，南部剩余重力正异常最高值 $22.64\times10^{-5}\ m/s^2$	重要
	航磁	航磁化极特征多显示为正异常区	重要
地球化学特征		区域上分布有Ni、Cr、Fe_2O_3、Co、V、Ti等元素（化合物）组成的高背景区带，在高背景区带中有以Ni、Cr、Fe_2O_3、Co、V、Ti为主的多元素（化合物）局部异常。其中Ni、Cr、Fe_2O_3、Co具有明显的浓度分带和浓集中心。	重要
遥感特征		遥感解译的北北东向及北西西向断裂构造	重要

表 3-4　小南山式侵入岩体型铜镍矿床乌拉特中旗预测工作区区域预测要素表

区域预测要素		描述内容	要素类别
地质环境	大地构造位置	Ⅱ华北陆块区；Ⅱ-4 狼山-阴山陆块(大陆边缘岩浆弧 Pz_2)；Ⅱ-4-3 狼山-白云鄂博裂谷(Pt_2)	重要
	成矿区(带)	Ⅰ-4:滨太平洋成矿域(叠加在古亚洲成矿域之上)；Ⅱ-14:华北成矿省；Ⅲ-11:华北地台北缘西段金、铁、铌、稀土、铜、铅、锌、镍、铂、钨、石墨、白云母成矿带(Ⅲ-58)；Ⅲ-11-②:狼山-渣尔泰山铅、锌、金、铁、铜、铂、镍成矿亚带	重要
	区域成矿类型及成矿期	岩浆型,志留纪—二叠纪	重要
控矿地质条件	赋矿地质体及控矿侵入岩	辉长岩、橄榄辉长岩、辉石橄榄岩及辉长岩脉	必要
	控矿构造	北东东向及北西西向断裂	次要
区内相同类型矿产		小型矿床 1 处	重要
地球物理特征	重力	布格重力异常图上预测工作区整体异常值较高,仅西南区域分布近东西走向的低异常,高低异常以乌加河镇为界。剩余重力异常图上对应布格重力低异常区展布东西走向负异常(L 蒙-663),在其北侧是一同向分布的正异常(G 蒙-662),剩余重力起始值范围$(-2\sim10)\times10^{-5}\,m/s^2$,剩余重力正异常最高值是 $29.01\times10^{-5}\,m/s^2$	重要
	磁法	航磁起始值范围 $-150\sim200$nT	重要
地球化学特征		预测工作区 Ni 多呈背景、高背景分布,具有明显的浓度分带和浓集中心,提取 Ni 异常范围,最小预测区与之吻合较好	重要
遥感特征		解译多处线性和环状构造	次要

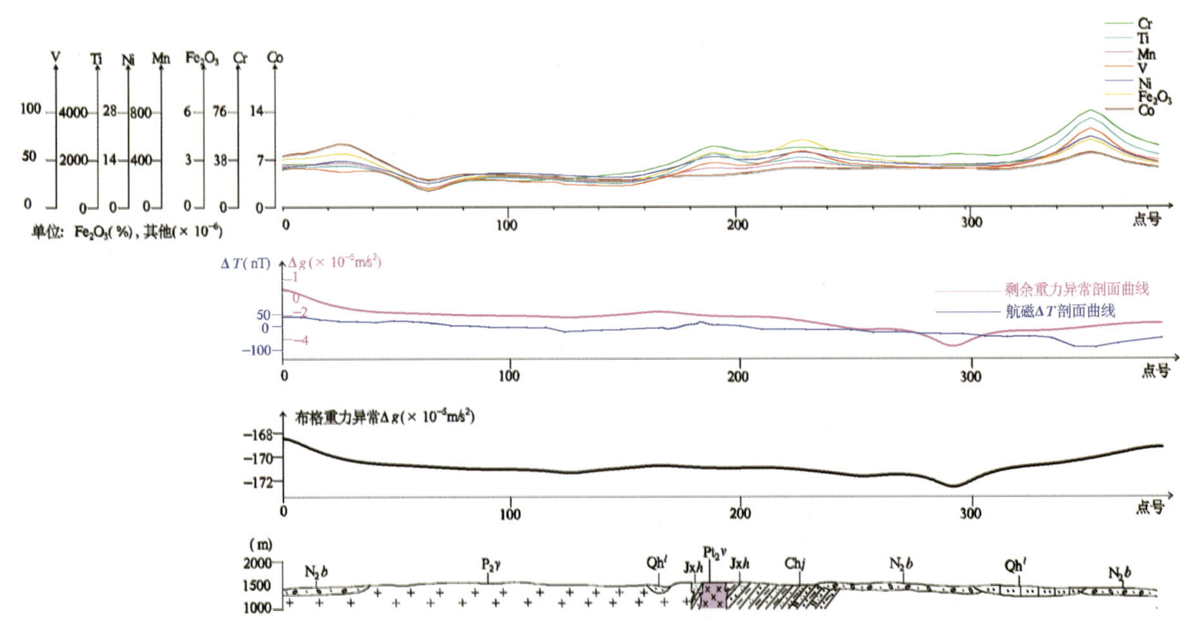

图 3-7　小南山铜镍矿小南山预测工作区预测模型图

Qh^l. 第四系全新统湖积；N_2b. 宝格达乌拉组；Jxh. 哈拉霍疙特组；Chj. 尖山组；$P_2\gamma$. 中二叠世花岗岩；$Pt_2\nu$. 中元古代辉长岩

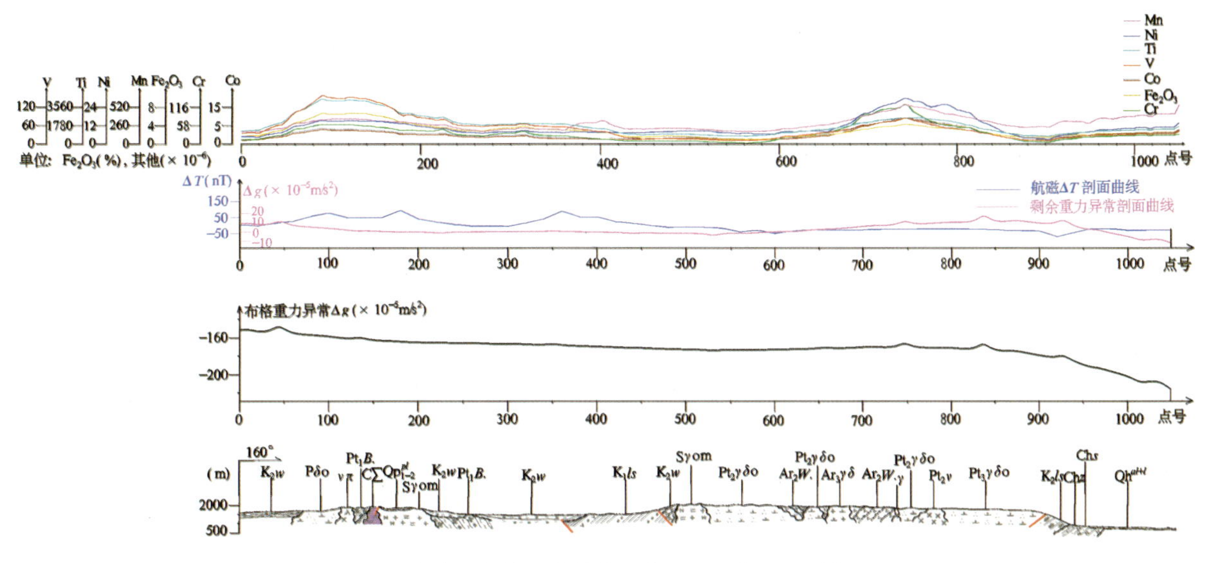

图 3-8　小南山铜镍矿乌拉特后旗预测工作区预测模型图

Qh^{al+l}. 第四系全新统冲积+湖积；Qp_{1-2}^{pl}. 第四系中下更新统洪积；K_2w. 乌兰苏海组；K_1ls. 李三沟组；Chz. 增隆昌组；Chs. 书记沟组；Pt_1B.. 宝音图岩群；Ar_2W.. 乌拉山岩群；$P\delta o$. 二叠纪石英闪长岩；$C\Sigma$. 石炭纪橄榄辉石岩；$S\gamma om$. 志留纪白云母斜长花岗岩；$Pt_3\gamma\delta o$. 新元古代中细粒斜长花岗岩；$Pt_2\gamma\delta o$. 中元古代中细粒黑云英云闪长岩；$Pt_2\nu$. 中元古代中粗粒辉长岩；$Ar_3\gamma\delta$. 新太古代花岗闪长岩

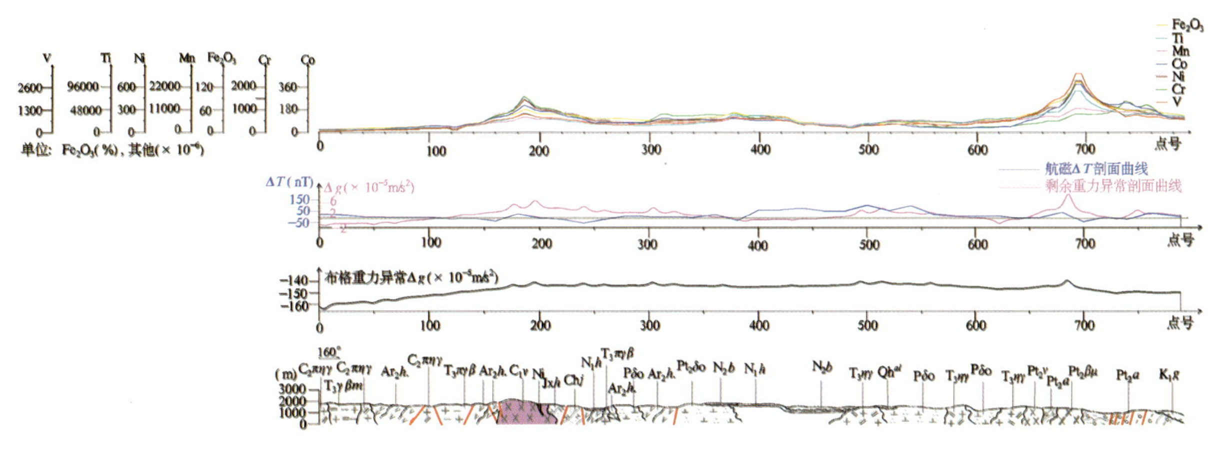

图 3-9　小南山铜镍矿乌拉特中旗预测工作区预测模型图

Qh^{al}. 第四系全新统冲积；N_2b. 宝格达乌拉组；N_1h. 汉诺坝组；K_1g. 固阳组；Pt_2a. 阿古鲁沟组；Jxh. 哈拉霍疙特组；Chj. 尖山组；Ar_2h.. 哈达门沟岩组；$T_3\eta\gamma$. 晚三叠世中粗粒二长花岗岩；$T_3\pi\gamma\beta$. 晚三叠世斑状黑云母花岗岩；$T_3\gamma\beta m$. 晚三叠世中粗二云母花岗岩；$P\delta o$. 二叠纪中粗粒石英闪长岩；$C_2\pi\eta\gamma$. 晚石炭世中粗粒巨斑状黑云母二长花岗岩；$C_1\nu$. 早石炭世深黑色辉长岩；$Pt_2\delta o$. 中元古代变质石英闪长岩；$Pt_2\beta\mu$. 中元古代变质辉绿玢岩；$Pt_2\nu$. 中元古代中粗粒角闪辉长岩；Ni. 镍矿体

第三节　矿产预测

根据典型矿床的研究，结合大地构造环境、主要控矿因素、成矿作用特征等，其矿床成因类型为岩浆型，志留纪—二叠纪超基性岩体直接控制了矿床的分布，成为唯一的成矿必要因素，因此，采用侵入岩体型作为矿产预测方法类型。

一、综合地质信息定位预测

1. 变量提取及优选

根据典型矿床成矿要素、预测要素研究，本次选择少模型预测工程，采用网格单元法作为预测单元（图3-10～图3-12），根据预测底图比例尺（1∶5万、1∶10万）确定网格间距为（500～1000）m×（500～1000）m，图面为10mm×10mm。选取以下变量：

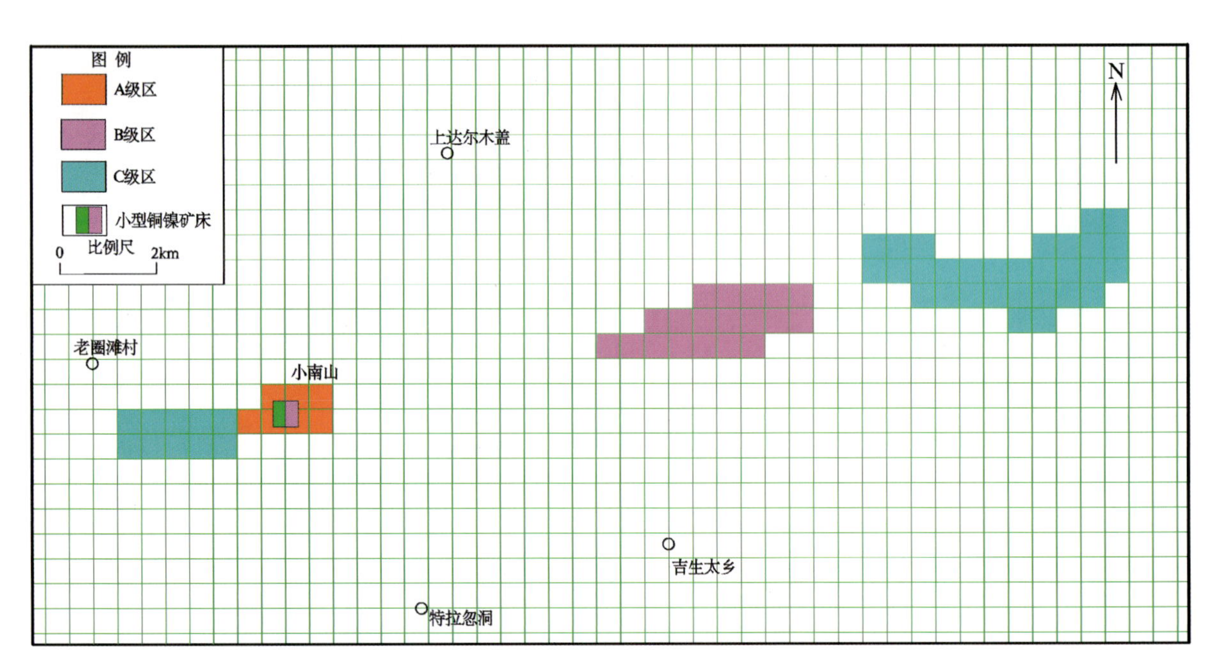

图3-10 小南山式侵入岩体型镍矿小南山预测工作区预测单元图

(1)地质体：侵入岩，志留纪—二叠纪基性、超基性岩。

(2)航磁：异常采用化极 ΔT 等值线。

(3)重力：剩余异常等值线。

(4)化探：Ni异常区。

(5)已知矿床：目前小南山预测工作区收集到的有小型镍矿1处，乌拉特后旗预测工作区有小型镍矿1处、矿点2个，乌拉特中旗预测工作区有小型矿床1个。

在MRAS软件中，对地质体、化探异常等的区文件求区的存在标志，对航磁化极等值线、剩余重力求起始值的加权平均值，对矿点求点的存在标志，并进行以上原始变量的构置，对网格单元进行赋值，形成原始数据专题。

根据已知矿床所在地区的航磁化极异常值、剩余重力值对原始数据专题中的航磁化极等值线、剩余重力起始值的加权平均值进行二值化处理[航磁起始值范围300～8000nT，剩余重力起始值范围(3～10)×10^{-5} m/s^2]，形成定位数据转换专题。

2. 最小预测区圈定及优选

结合网格单元和含矿地质体采用手工方法圈定最小预测区，圈定原则是成矿有利网格单元与含矿地质体的交集。

首先，将MRAS程序形成的定位预测专题区文件叠加于预测工作区预测要素图上；再根据预测要

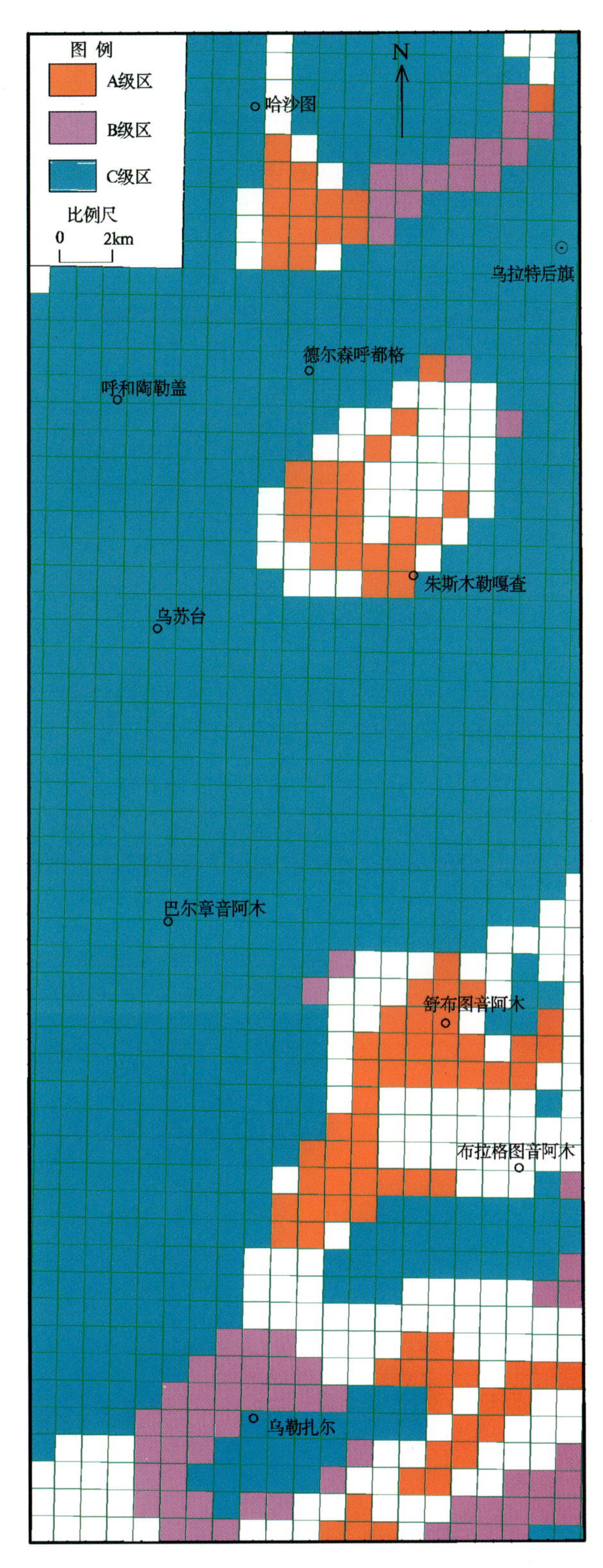

图 3-11 小南山式侵入岩体型镍矿乌拉特后旗预测工作区预测单元图

素变量数值特征范围及位置，结合含矿建造出露情况，大致定位，确定预测单元；最后，最小预测区边界的确定以地质+化探异常为主，地质+航磁(遥感)、蚀变异常等为辅。A 级为地质体+航磁+重力+化探(金属量)+矿体；B 级为地质体+航磁+重力+化探；C 级为地质体+航磁+重力。

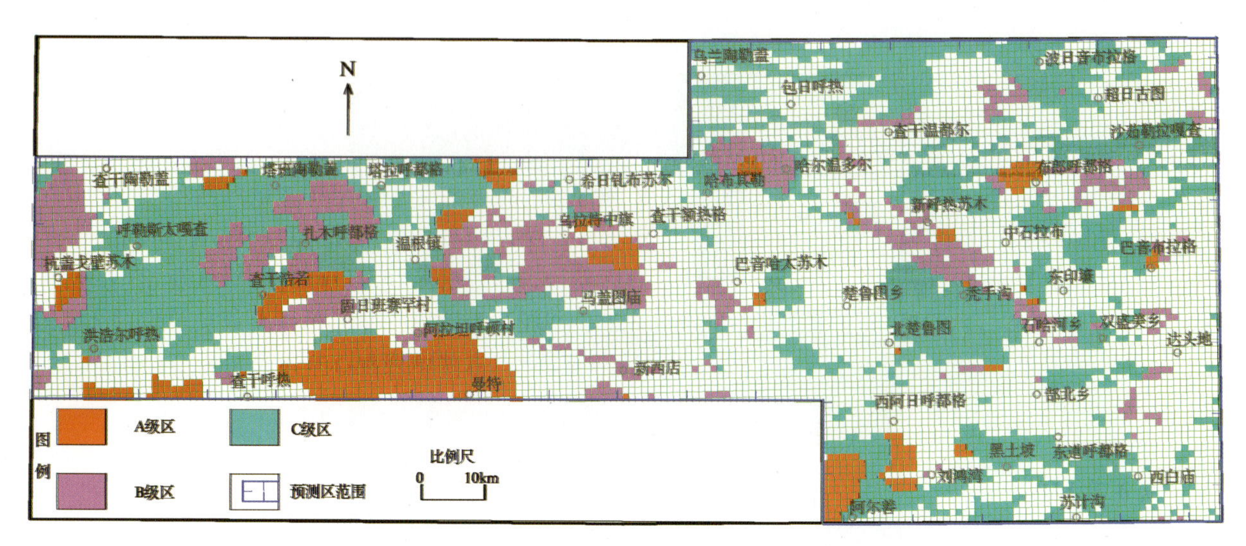

图 3 - 12　小南山式侵入岩体型镍矿乌拉特中旗预测工作区预测单元图

3. 最小预测区圈定结果

小南山预测工作区圈定最小预测区 5 个，其中 A 级区 1 个，面积 0.13km²；B 级区 1 个，面积 2.34km²；C 级区 3 个，面积 3.55km²(图 3 - 13)。

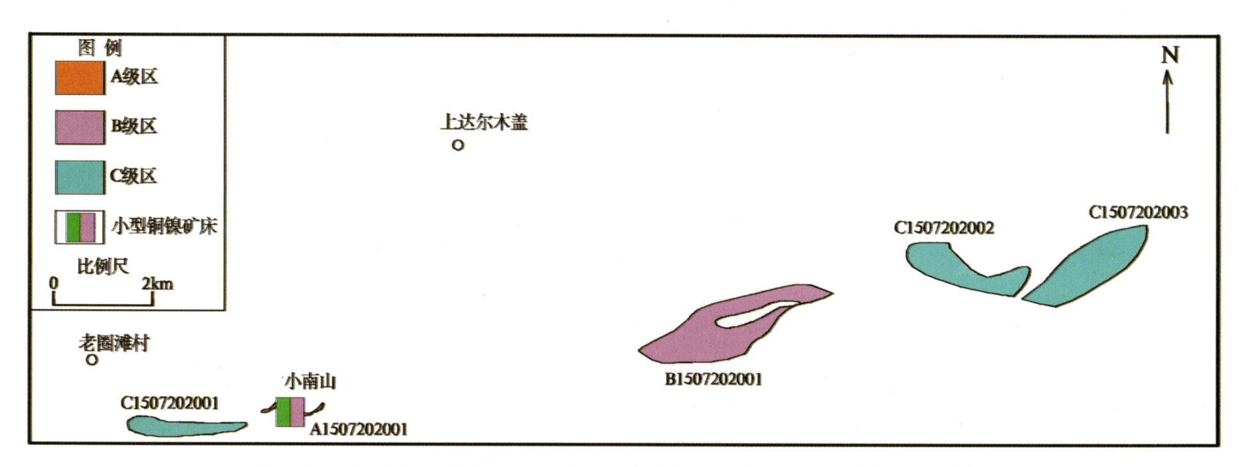

图 3 - 13　小南山式侵入岩体型镍矿小南山预测工作区最小预测区圈定结果

乌拉特后旗预测工作区圈定最小预测区 7 个，其中 A 级最小预测区 2 个，面积 1.39km²；B 级最小预测区 1 个，面积 0.19km²；C 级最小预测区 4 个，面积 0.48km²(图 3 - 14)。

乌拉特中旗预测工作区圈定最小预测区 7 个，其中 A 级区 1 个，面积 1.62km²；B 级区 3 个，面积 1.78km²；C 级区 3 个，面积 3.51km²(图 3 - 15)。

4. 最小预测区地质评价

各最小预测区成矿条件及找矿潜力见表 3 - 5。

图 3-14 小南山式侵入岩体型镍矿乌拉特后旗预测工作区最小预测区圈定结果

图 3-15　小南山式侵入岩体型镍矿乌拉特中旗预测工作区最小预测区圈定结果

表 3-5　小南山式侵入岩体型镍矿各最小预测区成矿条件及找矿潜力一览表

最小预测区编号	最小预测区名称	综合信息(航磁/nT,重力/$\times10^{-5}$m/s^2,化探/$\times10^{-6}$)	评价
小南山预测工作区			
A1507202001	小南山铜镍矿	该最小预测区矿床主要赋存于志留纪—二叠纪基性岩中,该区内分布有小南山铜镍矿。航磁化极等值线起始值在-150以上;重力剩余异常起始值在-2～-1之间;该最小预测区定为A级区,预测深度370m时资源储量334-1为9718t	找矿潜力极大
B1507202001	1463高地北	该最小预测区赋存于志留纪—二叠纪基性岩中,航磁化极等值线起始值在-150以上;重力剩余异常起始值在2～4之间;含矿地质体分布于镍元素化探异常区内,该最小预测区定为B级区,预测深度200m时资源储量334-3为8 288.28t	找矿潜力较大
C1507202001	1482高地南	该最小预测区赋存于志留纪—二叠纪基性岩中,航磁化极等值线起始值在-150以上;重力剩余异常起始值在-2～-1之间;该最小预测区定为C级区,预测深度200m时资源储量334-3为1 964.2t	具一定找矿潜力
C1507202002	1453高地南西	该最小预测区赋存于志留纪—二叠纪基性岩中,航磁化极等值线起始值在-150以上;重力剩余异常起始值在1～2之间;该最小预测区定为C级区,预测深度200m时资源储量334-3为3 864.0t	具一定找矿潜力
C1507202003	1453高地南东	该最小预测区赋存于志留纪—二叠纪基性岩中,航磁化极等值线起始值在-150以上;重力剩余异常起始值在-1～+1之间;该最小预测区定为C级区,预测深度200m时资源储量334-3为5 602.8t	具一定找矿潜力
乌拉特后旗预测工作区			
A1507202002	哈沙图东南4.5km(额布图)	该最小预测区出露的地质体主要为石炭纪超基性岩,有额布图小型镍矿。区内航磁化极异常值15～50,为弱正异常外侧,剩余重力异常值-2～-1,处于正负异常的过渡区;处于Ni元素弱分散异常内,异常值14～18	找矿潜力极大
A1507202003	乌勒扎尔东北6.4km(别力盖庙)	该最小预测区出露的地质体主要为二叠纪超基性岩—基性岩,有别力盖庙矿点。区内航磁化极异常值25～100,无明显浓集中心;剩余重力异常值9～15,处于大面积高值正异常区内;处于Ni元素化探异常平稳过渡带上,异常值9.9～14	找矿潜力较大
B1507202002	哈沙图东偏北4km	该最小预测区出露的地质体主要为石炭纪中细粒次闪石化辉长岩。区内航磁化极异常值75～250,处于正异常中;剩余重力异常值0～6,处于正负异常的梯度带上;处于Ni元素化探弱分散异常内,异常值14～18	找矿潜力较大

续表 3-5

最小预测区编号	最小预测区名称	综合信息(航磁/nT,重力/$\times10^{-5}m/s^2$,化探/$\times10^{-6}$)	评价
C1507202005	哈沙图东偏北 5.5km	该最小预测区出露的地质体主要为石炭纪中细粒次闪石化辉长岩。区内航磁化极异常值 10～250,处于梯度带上;剩余重力异常值－2～2,处于正负异常的梯度带上;处于 Ni 元素化探弱分散异常内,异常值 9.9～14	具一定找矿潜力
C1507202004	哈沙图东北 5km	该最小预测区出露的地质体主要为石炭纪中细粒次闪石化辉长岩。区内航磁化极异常值 125～250,处于正异常中心;剩余重力异常值 2～4,处于正负异常的梯度带上;处于 Ni 元素化探弱分散异常内,异常值 9.9～14	具一定找矿潜力
C1507202006	呼和陶勒盖北 5km	该最小预测区出露的地质体主要为石炭纪褐绿色超基性岩。区内航磁化极异常值－75～－50,处于弱负异常区中心,剩余重力异常值 0～1,处于大面积平缓过渡区;处于 Ni 元素化探异常平缓过渡区,异常值 9.9～14,其西侧有较高值异常区	具一定找矿潜力
C1507202007	德尔森呼都格东北 4.5km(楚鲁庙)	该最小预测区有楚鲁庙矿点,矿点普查证实镍无较大成矿远景。区内航磁化极异常值－15～－5,处于平缓梯度带上,区内剩余重力异常值－3～－2,处于弱正负异常的平缓过渡区;处于 Ni 元素化探异常大面积低值范围区边部,异常值 5.6～7.4	具一定找矿潜力
乌拉特中旗预测工作区			
A1507202004	克布	该最小预测区矿床主要赋存于基性—超基性岩中,该区内分布有克布铜镍矿。航磁化极等值线起始值在－150 以上;重力剩余异常起始值在 7～10 之间;该最小预测区定为 A 级区,预测深度 200m 时资源储量 334-1 为 4 651.20t	找矿潜力较大
B1507202003	布郎呼都格西	该最小预测区赋存于基性—超基性岩中,航磁化极等值线起始值在－150 以上;重力剩余异常起始值为 9;含矿地质体分布于 Ni 元素化探异常区内,该最小预测区定为 B 级区,预测深度 200m 时资源储量 334-3 为 1 877.26t	具一定找矿潜力
B1507202004	准德尔斯太拜兴东	该最小预测区赋存于基性—超基性岩中,航磁化极等值线起始值在－150 以上;重力剩余异常起始值为 6;含矿地质体分布于 Ni 元素化探异常区内,该最小预测区定为 B 级区,预测深度 200m 时资源储量 334-3 为 1 964.2t	具一定找矿潜力
B1507202005	准德尔斯太拜兴西	该最小预测区赋存于基性—超基性岩中,航磁化极等值线起始值在－150 以上;重力剩余异常起始值为 5;含矿地质体分布于 Ni 元素化探异常区内;该最小预测区定为 B 级区,预测深度 200m 时资源储量 334-3 为 2 869.02t	具一定找矿潜力
C1507202008	阿尔嘎查西	该最小预测区赋存于基性—超基性岩中,重力剩余异常起始值在－1～1之间;含矿地质体分布于 Ni 元素化探异常区内,该最小预测区定为 C 级区,预测深度 200m 时资源储量 334-3 为 6 955.20t	具一定找矿潜力
C1507202009	塔拉呼都格西南	该最小预测区赋存于基性—超基性岩中,重力剩余异常起始值为 6;含矿地质体分布于 Ni 元素化探异常区内,该最小预测区定为 C 级区,预测深度 200m 时资源储量 334-3 为 1 674.40t	具一定找矿潜力
C1507202010	陶勒盖音好若北	该最小预测区赋存于基性—超基性岩中,重力剩余异常起始值在 4～5之间;含矿地质体分布于 Ni 元素化探异常区内,该最小预测区定为 C 级区,预测深度 200m 时资源储量 334-3 为 2 672.60t	具一定找矿潜力

二、综合信息地质体积法估算资源量

1. 典型矿床深部及外围资源量估算

已查明资源量、密度及镍品位均来源于《内蒙古自治区四子王旗小南山铜镍矿综合勘探报告》(内蒙古自治区地质局103地质队,1975)及内蒙古自治区国土资源厅2010年5月编制的《内蒙古自治区矿产资源储量表截至2009年底》(内蒙古自治区国土资源厅,2010)。矿石量197.4×10^4t,镍金属量12 556t。矿石平均密度2.81t/m^3、镍平均品位为0.636%(表3-6)。

表3-6　小南山镍矿典型矿床深部及外围资源量估算一览表

典型矿床(111°22′01″,41°45′20″)		深部及外围		
已查明资源量(金属量:t)	12 556	深部	面积(m^2)	33 946
面积(m^2)	33 946		深度(m)	85
深度(m)	285	外围	面积(m^2)	12 405
品位(%)	0.636		深度(m)	370
密度(t/m^3)	2.81	预测资源量(t)		9718
体积含矿率(t/m^3)	0.001 3	典型矿床资源总量(t)		22 274

矿床面积是根据1∶2000小南山铜镍矿矿区地形地质图及储量估算图,用各个矿体的边界圈定面积确定的。

延深来源于《内蒙古自治区四子王旗小南山铜镍矿综合勘探报告》及第11勘探线剖面,矿体最大延深为285m(图3-16)。

镍矿体积含矿率$K_{典}$=查明资源储量/(面积$S_{典}$×延深$H_{典}$)=12 556t/(33 946m^2×285m)=0.001 3t/m^3。

2. 模型区的确定、资源量及估算参数

模型区为典型矿床所在位置的最小预测区,小南山铜镍矿典型矿床位于模型区内。

模型区预测资源量等于典型矿床总资源量$Z_{模}$(查明资源量+预测资源量),镍金属量为22 274t。模型区面积与含矿地质体面积一致。模型区含矿地质体含矿系数(K)=资源总量/含矿地质体总体积(表3-7)。

表3-7　小南山式侵入岩体型镍矿模型区预测资源量及其估算参数表

编号	名称	模型区总资源量(金属量,t)	模型区面积(km^2)	延深(m)	含矿地质体面积(m^2)	含矿地质体面积参数	含矿地质体含矿系数(t/m^3)
A1507202001	小南山铜镍矿	22 274	0.13	370	0.13	1	0.000 46

3. 最小预测区预测资源量

(1)估算参数的确定。最小预测区面积($S_{预}$)在MapGIS软件下读取,然后换算成实际面积(小南山及乌拉特后旗预测底图1∶5万,乌拉特中旗预测底图1∶10万)。延深是指含矿地质体沿倾向向下延长的深度,岩体成矿,直接用垂直深度。延深的确定是在分析最小预测区含矿地质体地质特征、岩体的

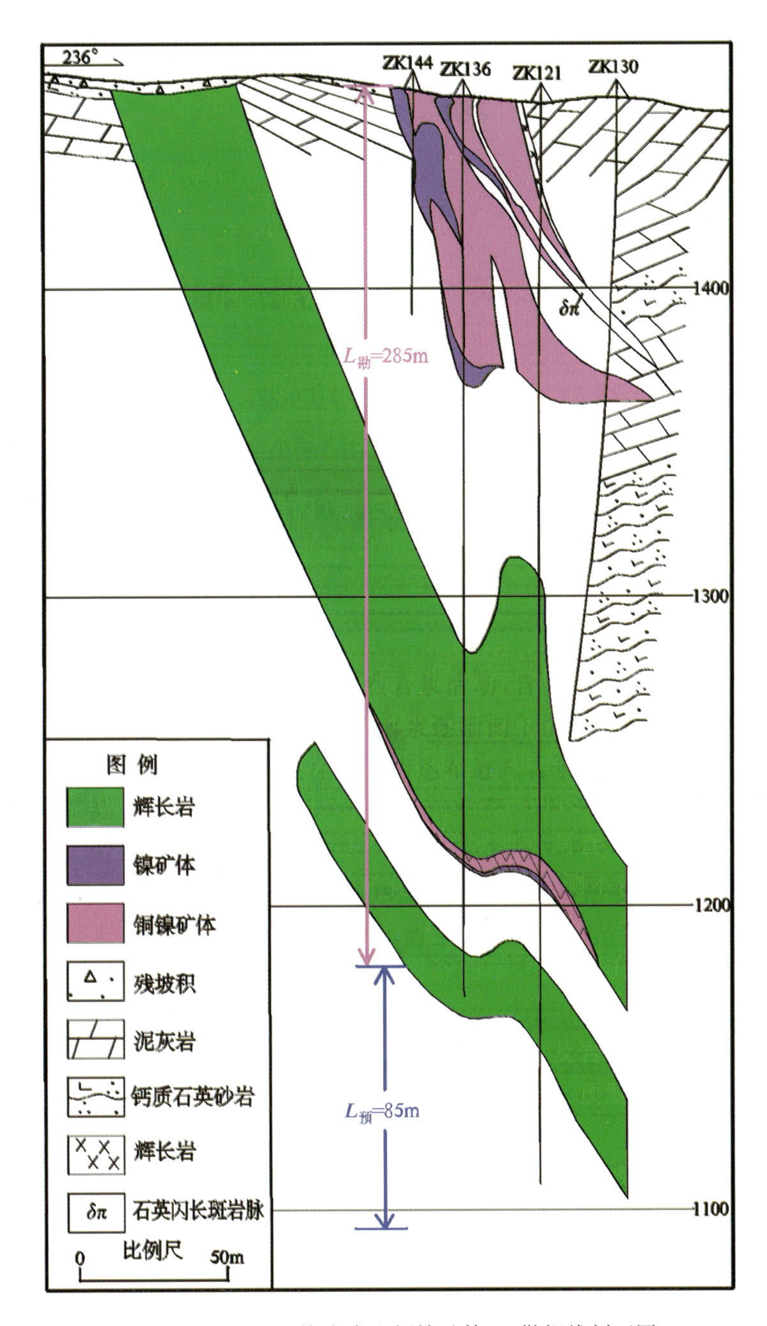

图 3-16　四子王旗小南山铜镍矿第 11 勘探线剖面图

形成深度、矿化蚀变、矿化类型的基础上进行的，结合典型矿床深部资料，目前钻探工程已控制最大埋深 320m，含矿岩系沿倾向向下还有延深。相似系数（α）由专家结合地质、物探、化探、遥感等资料综合分析确定。

（2）最小预测区预测资源量估算结果。各最小预测区预测资源量见表 3-8。

表 3-8　小南山式侵入岩体型镍矿各最小预测区估算成果表

最小预测区编号	最小预测区名称	$S_{预}$ (km^2)	$H_{预}$ (m)	Ks	K(t/m^3)	α	$Z_{预}$(t)	精度
小南山预测工作区								
A1507202001	小南山铜镍矿	0.13	370	1.00	0.000 46	1.00	9 718.00	334-1
B1507202001	1463 高地北	2.34	200	0.35	0.000 46	0.11	8 288.28	334-3
C1507202001	1482 高地南	0.61	200	0.35	0.000 46	0.10	1 964.20	334-3
C1507202002	1453 高地南西	1.20	200	0.35	0.000 46	0.10	3 864.00	334-3
C1507202003	1453 高地南东	1.74	200	0.35	0.000 46	0.10	5 602.80	334-3
乌拉特后旗预测工作区								
A1507202002	哈沙图东南 4.5km(额布图)	0.076 3	370	1	0.000 46	0.95	5 773.95	334-1
A1507202003	乌勒扎尔东北 6.4km(别力盖庙)	1.31	60	1	0.000 46	0.20	7 117.2	334-1
B1507202002	哈沙图东偏北 4km	0.191 3	130	1	0.000 46	0.20	2 287.95	334-2
C1507202005	哈沙图东偏北 5.5km	0.271 6	130	1	0.000 46	0.20	3 248.34	334-2
C1507202004	哈沙图东北 5km	0.139 7	80	1	0.000 46	0.20	1 028.2	334-2
C1507202006	呼和陶勒盖北 5km	0.027 3	80	1	0.000 46	0.20	200.93	334-2
C1507202007	德尔森呼都格东北 4.5km(楚鲁庙)	0.041 4	60	1	0.000 46	0.15	171.4	334-2
乌拉特中旗预测工作区								
A1507202004	克布	1.62	200	0.35	0.000 46	0.30	4 651.20	334-1
B1507202003	布郎呼都格西	0.53	200	0.35	0.000 46	0.11	1 877.26	334-3
B1507202004	准德尔斯太拜兴东	0.44	200	0.35	0.000 46	0.11	1 558.48	334-3
B1507202005	准德尔斯太拜兴西	0.81	200	0.35	0.000 46	0.11	2 869.02	334-3
C1507202008	阿尔嘎查西	2.16	200	0.35	0.000 46	0.10	6 955.20	334-3
C1507202009	塔拉呼都格西南	0.52	200	0.35	0.000 46	0.10	1 674.40	334-3
C1507202010	陶勒盖音好若北	0.83	200	0.35	0.000 46	0.10	2 672.60	334-3

4. 预测工作区资源总量成果汇总

按最小预测区级别划分为 A 级、B 级、C 级；按精度分为 334-1、334-2、334-3 三种；按矿产预测类型统计，全为侵入岩体型；按可利用性类别统计，全部为可利用。预测深度均在 500m 以浅，按可信度统计见表 3-9。

表 3-9　小南山式侵入岩体型镍矿预测工作区资源量估算汇总表

（单位：t）

深度	精度	可利用性		可信度			预测级别	
		可利用	暂不可利用	≥0.75	≥0.5	≥0.25		
小南山预测工作区（预测总资源量 29 437.28t）								
500m 以浅	334-1	9 718.00	/	9 718.00	9 718.00	9 718.00	A 级	9 718.00
	334-2	/	/	/	/	/	B 级	8 288.28
	334-3	19 719.28	/	/	/	19 719.28	C 级	11 431.00
乌拉特后旗预测工作区（预测总资源量 19 827.97t）								
500m 以浅	334-1	12 891.15	/	12 891.15	12 891.15	12 891.15	A 级	12 891.15
	334-2	6 936.82	/	/	6 765.42	6 936.82	B 级	2 287.95
	334-3	/	/	/	/	/	C 级	4 648.87
乌拉特中旗预测工作区（预测总资源量 22 258.16t）								
500m 以浅	334-1	4 651.20	/	4 651.20	/	4 651.20	A 级	4 651.20
	334-2	/	/	/	/	/	B 级	6 304.76
	334-3	17 606.96	/	/	/	17 606.96	C 级	11 302.20

第四章　达布逊式侵入岩体型镍矿预测成果

第一节　典型矿床特征

一、典型矿床及成矿模式

（一）典型矿床特征

达布逊镍矿区隶属内蒙古自治区乌拉特后旗巴音查干苏木管辖，工作区距乌拉特后旗赛乌苏镇北东约200km。

1. 矿区地质

出露地层为中下志留统徐尼乌苏组（图4－1）绢云石英千枚岩夹石英岩段，成矿母岩为超基性岩，超基性岩体下部与地层接触带见有较富集Ni－Co－FeS矿体。近东西向断裂控制超基性岩体的形态和产状；北北东向（近南北向）断裂对超基性岩体起破坏作用。

通过对区内1∶1万高精度磁测结果进行综合地质分析，中部异常区规模大、峰值高，连续性好，呈南东111°分布，确定为磁性体（超基性岩体）的真实反映。由于异常磁场值的最大值与最小值相差较大，分布范围明显，分析深部磁性体（超基性岩体）规模大，有较好的找矿前景。

1∶1万化探圈出Cu－Zn－As－Pb－Sn－Ag－Au和Co－Ni－Mn－V－Ti－Fe两组综合异常，自北向南大致可分为3个异常区。北部异常区主要成矿元素Ni－Co－Fe峰值较低，规模较小，综合分析成矿潜力不大；南部异常区虽然Ni－Co－Fe组合有一定规模，但结合地质、磁法结果分析，位于第四系区，可能是化探样品中掺有北部外来成分引起的异常，并且磁法异常较小；中部异常区Ni－Co－Fe异常组合峰值高，规模大，且位于磁法异常中，地表蚀变现象强烈，连续性好，总体呈东西向展布。

2. 矿床特征

通过钻探发现镍矿体（矿化体）共18条，矿体总体倾向206°，倾角40°，为层状（似层状或透镜状）矿体。

超基性岩体中局部见有矿体，多呈囊状体或透镜体等不规则状。矿体厚度为0.90～36.17m，矿体埋深一般为20～300m，镍矿物主要为硫化镍，呈浸染状分布，以囊状体（或透镜体）形态存在，局部矿体受构造影响沿走向变化较大，矿体Ni最高品位为4.37％。

超基性岩体下部与地层接触带中见有较富集Ni－Co－FeS矿体，矿体厚度为3.30～10.00m，矿体现控制埋深70～150m，倾向西南，呈层状（似层状），最高品位Ni 0.1％，Co 0.15％，矿体较连续，倾向、倾角受岩性接触带影响变化较大。含矿岩石硅化较强，矿区中北部超基性岩体与石英片岩接触带硅化范围较大。

岩体内部矿体(分布浅、易开采),矿体品位较高,厚度、产状变化较大。超基性岩体下盘岩性接触带矿体呈似层状分布(较稳定),见浸染状、块状矿石,黄铁矿含量较高,控制的镍、钴矿体厚度较大、品位较高。

1～2号矿体控制延长65～110m,延深210m,倾向北西,倾角约40°,矿体厚度为6.00～16.13m,矿体埋深10～40m,最高品位Ni 4.37%,Co 0.15%,矿体平均品位Ni 0.86%,Co 0.028%～0.033%。通过物相分析,镍矿物主要为硫化镍(占80%以上),呈浸染状分布,以囊状体(或透镜体)形态存在。

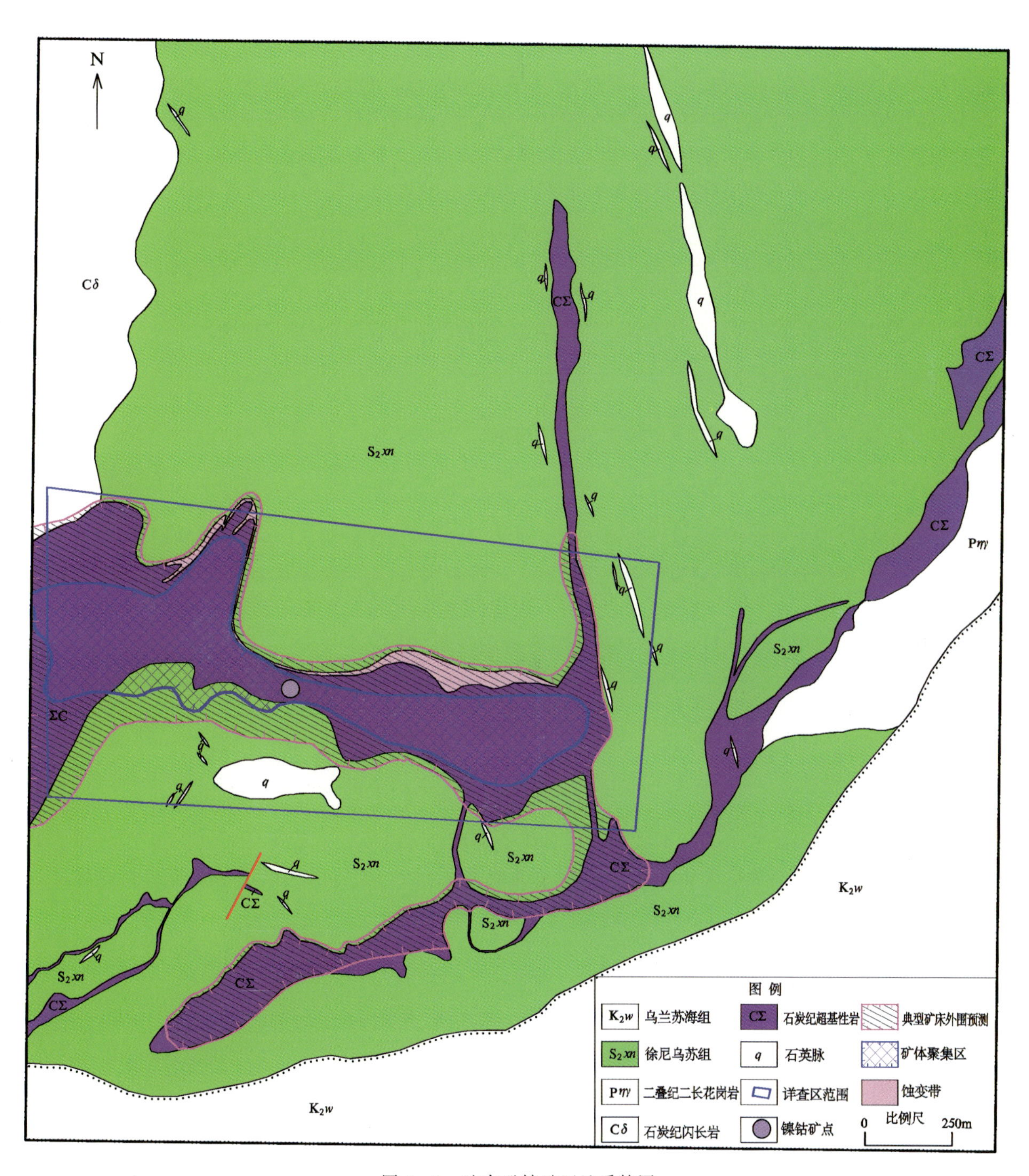

图4-1　达布逊镍矿区地质简图

15～17号矿体为矿区的主矿体,受超基性岩体与地层接触带控制,呈层状(似层状)分布,为镍钴矿体,矿体中伴生有较富集黄铁矿。矿体控制延长160m,延深240m;厚度控制为6.81～7.58m,矿体埋深为 10～150m，最高品位 Ni 1.30%，Co 0.65%，矿体平均品位 Ni 0.48%，Co 0.26%。矿体整体上窄下宽，厚度、品位变化较大，产状受岩体接触带控制。

3. 矿石特征

主要矿物成分为橄榄石、辉石等。矿石矿物主要为硅酸镍，其次为硫化镍、黄铁矿。经物相分析，位于超基性岩体(橄辉岩、蛇纹岩)中的镍矿物主要为硅酸镍，其硫化镍含量分别占镍总含量 24.09%、21.25%、20%、10.87%、2.25%、0.91%，这 6 个样品取自橄辉岩、蛇纹岩中，镍品位 0.21%～0.24%，在镍品位分别为 0.23%、0.43%、0.48%的样品中，硫化镍含量占镍总含量分别为 51.85%、18.92%、8.68%；镍品位约大于 1%的样品中硫化镍含量占镍总含量分别为 58.21%、85.71%、96%；在较富集矿体边部镍品位 0.41%的样品中硫化镍含量占镍总含量 85.17%。矿区中镍以硫化镍、硅酸镍同时存在，当镍含量大于 0.3%，矿体同时伴有较富集硫化物分布时，硫化镍含量较高，由此可划分出硅酸镍矿石、硫化镍矿石两种自然类型。

4. 矿石结构构造

矿石具微细粒状结构，构造有层状(似层状)构造、细脉浸染状构造、浸染状构造。

5. 矿床成因类型及成矿时代

矿床成因类型为岩浆熔离型，成矿时代为海西中期。

(二)矿床成矿模式

该矿床为岩浆熔离型矿床，超基性岩体为成矿母岩，岩浆中的成矿物质(金属硫化物熔浆)在液体状态下从硅酸盐岩浆中分离出来，随温度压力下降到一定的范围，较重的金属硫化物熔浆就会透过较轻的硅酸盐熔浆向下沉降。由于地下温度、压力等外界因素的差异，形成自上而下的不同岩性段空间控矿模型，不同的岩性段含矿性也不同，元素富集程度具有分带现象(图 4-2)。

二、典型矿床物探特征

1. 重力

达布逊式岩浆型镍矿位于矿区布格重力相对平稳的区域，Δg 为$(-152 \sim -150) \times 10^{-5} m/s^2$。剩余图上镍矿床位于一近等轴状正异常中心，剩余重力值为 $2.88 \times 10^{-5} m/s^2$，矿床附近零星出露超基性岩。

2. 航磁

矿床位于正磁异常区，磁异常变化平稳，极值 ΔT 为 150～200nT。

三、典型矿床地球化学特征

通过 1∶1 万化探工作，自北向南大致可分为 3 个异常带。北部异常区主要成矿元素 Ni-Co-Fe 峰值较低，规模较小，综合分析成矿潜力不大；南部异常区虽然 Ni-Co-Fe 组合有一定规模，但位于第四系区，可能系化探样品中掺有北部外来成分引起的异常；中部异常区 Ni-Co-Fe 异常组合峰值高，规模大，且位于磁法异常中，地表蚀变现象强烈，连续性好，总体呈东西向展布。

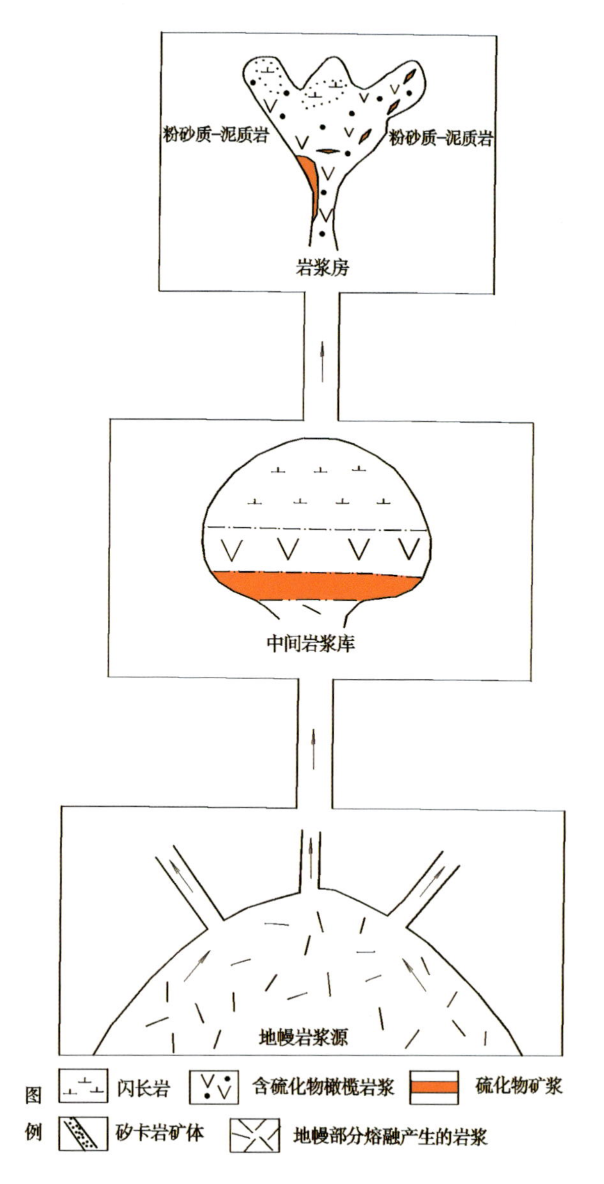

图 4-2　达布逊镍矿成矿模式图

四、典型矿床预测模型

根据典型矿床成矿要素和矿区 1∶1 万综合物探普查资料以及区域化探、重力、遥感资料，确定典型矿床预测要素，编制了典型矿床预测要素图。其中高精度磁测、激电中梯资料以等值线形式标在矿区地质图上；化探资料比例尺为 1∶20 万，剖析图见图 4-3。为表达典型矿床所在地区的区域物探特征，在 1∶50 万航磁 ΔT 等值线平面图、航磁 ΔT 化极等值线平面图、航磁 ΔT 化极垂向一阶导数等值线平面图、布格重力异常图、剩余重力异常图及重力推断地质构造图上编制了达布逊式典型矿床所在区域地质矿产及物探剖析图(图 4-4)。

以典型矿床成矿要素图为基础，综合研究重力、航磁、化探、遥感、自然重砂等综合致矿信息，总结典型矿床预测要素表(表 4-1)。

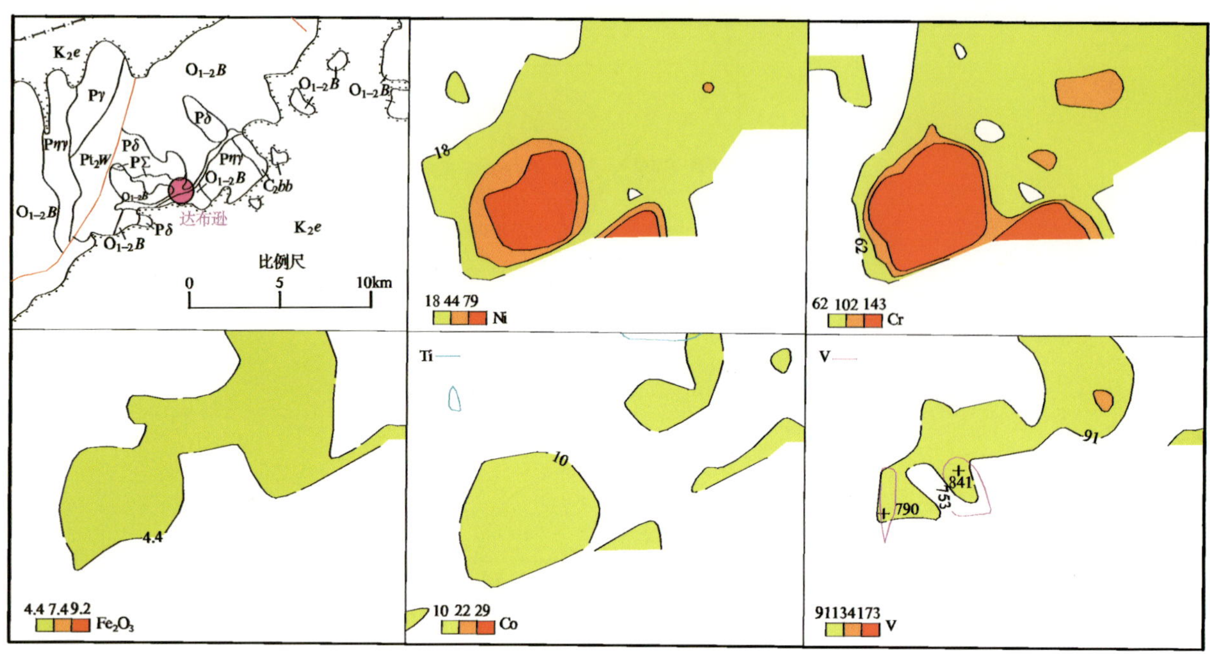

注:单位×10^{-6}。

图 4-3　达布逊镍矿床所在区域化探异常剖析图

K_2e. 二连组;C_2bb. 本巴图组;$O_{1-2}B$. 包尔汉图群;Pt_2W. 温都尔庙群;$P\eta\gamma$. 二叠纪二长花岗岩;$P\gamma$. 二叠纪花岗岩;$P\delta$. 二叠纪闪长岩;$P\Sigma$. 二叠纪超基性岩

表 4-1　达布逊式岩浆熔离型镍矿典型矿床预测要素表

典型矿床预测要素		内容描述			要素类别
储量		镍金属量:26 093.74t	平均品位	0.48%	
特征描述		岩浆熔离型矿床(中型)			
地质环境	构造背景	Ⅰ天山-兴蒙造山系;Ⅰ-8包尔汗图-温都尔庙弧盆系;Ⅰ-8-3宝音图岩浆弧(Pz_2)			重要
	成矿环境	大兴安岭成矿省,阿巴嘎-霍林河铬、铜(金)、锗、煤、天然碱、芒硝成矿带,查干此老-巴音杭盖金成矿亚带			重要
	成矿时代	海西中期			重要
矿床特征	矿体形态	层状(似层状或透镜状)			重要
	岩石类型	辉橄岩			必要
	岩石结构	块状结构			次要
	矿物组合	矿石矿物主要为硅酸镍,其次为硫化镍、黄铁矿			次要
	矿物构造	层状(似层状)构造、细脉浸染状构造、浸染状构造			次要
	蚀变特征	蛇纹石化、绿泥石化、硅化,含矿岩石硅化较强			重要
	控矿条件	超基性岩体、超基性岩体下部与地层接触带、近东西向断裂			必要
地球物理特征	重力	重力正异常区			次要
	航磁	中部异常区规模大、峰值高,连续性好,呈南东111°分布			重要
地球化学特征		Ni为主成矿元素,Ni、Cr、V在矿区周围呈高背景分布,具有明显的浓度分带和浓集中心,浓集中心强度较高,异常套合较好;Fe_2O_3、Mn、Co、Ti在矿区周围多呈背景分布,为外带组合异常			重要

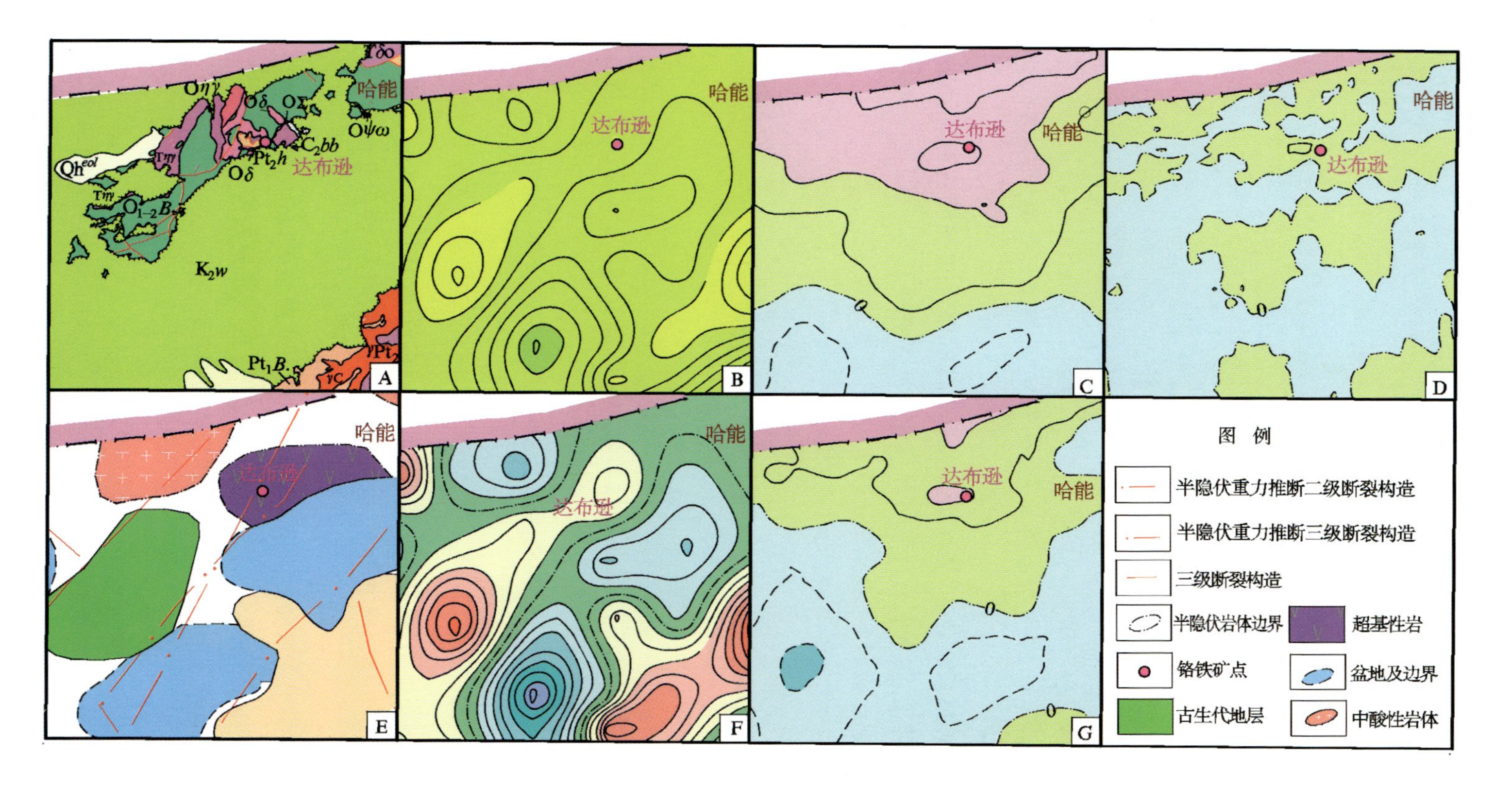

图 4-4　达布逊镍矿床所在区域地质、重力、航磁剖析图

A. 地质矿产图；B. 布格重力异常图；C. 航磁 ΔT 等值线平面图；D. 航磁 ΔT 化极垂向一阶导数等值线平面图；E. 重力推断地质构造图；F. 剩余重力异常图；G. 航磁 ΔT 化极等值线平面图。A 图：Qh^{eol}. 第四系全新统风积；K_2w. 乌兰苏海组；C_2bb. 本巴图组；$O_{1-2}w$. 乌宾敖包组；Pt_2h. 哈尔哈达组；Pt_1B.. 宝音图岩群；$T\eta\gamma$. 三叠纪二长花岗岩；$T\delta o$. 三叠纪石英闪长岩；$C\gamma$. 石炭纪花岗岩；$O\eta\gamma$. 奥陶纪二长花岗岩；$O\delta$. 奥陶纪闪长岩；$O\psi\omega$. 奥陶纪蛇纹岩；$O\Sigma$. 奥陶纪超基性岩

第二节　预测工作区研究

一、区域地质特征

(一)成矿地质背景

预测工作区范围为:东经 107°00′—108°00′,北纬 42°10′—42°30′。

1. 地层

由老至新出露有古元古界宝音图岩群,中元古界哈尔哈达组、桑达来呼都格组,志留系徐尼乌苏组,石炭系阿木山组,白垩系二连组、乌兰苏海组。

宝音图群第三岩组为一套变质岩系,岩性为石英片岩、石英岩、石榴二云石英片岩、变粒岩、云母石英片岩等。

温都尔庙群哈尔哈达组为含铁硅质岩建造,岩性组合为绢云石英片岩、含磁铁石英岩、绢云片岩;桑达莱呼都格组为含铁拉斑玄武岩建造,岩性组合为绿帘绿泥片岩夹含磁铁石英岩、绿泥石英片岩。

徐尼乌苏组为一套砾岩、千枚岩、板岩、灰岩及变质砂岩等,岩石普遍蚀变。

阿木山组岩性为灰紫色结晶灰岩,含砾硬砂岩、石英砂岩。

二连组为砖红色泥岩、砂岩、砂砾岩。

乌兰苏海组分布于预测工作区中部、北部,占预测工作区 1/3 的面积。

2. 侵入岩

海西中期岩体较为发育,规模大,分布广。超基性岩划分为纯橄榄岩相、纯橄榄岩-斜辉辉橄岩相、二辉辉橄岩相三个岩相带。发生了蛇纹石化、碳酸盐化和硅化。

海西晚期岩体分布广泛,规模西大东小,有蚀变闪长岩、糜棱岩化花岗岩和二长花岗岩。

3. 构造

本区地处天山-兴蒙造山系、包尔汗图-温都尔庙弧盆系(Pz_2)、宝音图岩浆弧北端,属陆缘增生带。

区内褶皱发育,形态以紧密线型和倒转褶皱为主,构造线方向为近东西向,次为北西向、北东向和近南北向,随着构造活动的持续,褶皱构造受到不同程度的改造和叠加。

断裂构造以海西期尤为发育,加里东期和燕山期构造次之,海西期断裂多以压扭性为主,包括东西向、北东向和近南北向的断裂,北西向的断裂多以张扭性断裂为主。近东西向断裂控制超基性岩体(成矿母岩)的形态和产状;北北东向(近南北向)断裂对超基性岩体起破坏作用。

(二)区域成矿模式

本区泥盆纪发生了剧烈的构造运动,深大断裂的活动使来自上地幔的镁铁—超镁铁质岩浆上侵至志留系徐尼乌苏组中,成矿元素在分异作用及接触交代作用下逐渐在岩体下部与地层接触带中大量富集,形成镍钴铁矿体,少部分成矿元素残留在岩体中并在一定部位富集,形成规模较小的镍钴铁矿体。后期地壳抬升,基性—超基性杂岩体出露地表,同时对矿体产生一定的破坏作用。达布逊式岩浆熔离型镍矿预测工作区区域成矿模式见图 4-5。

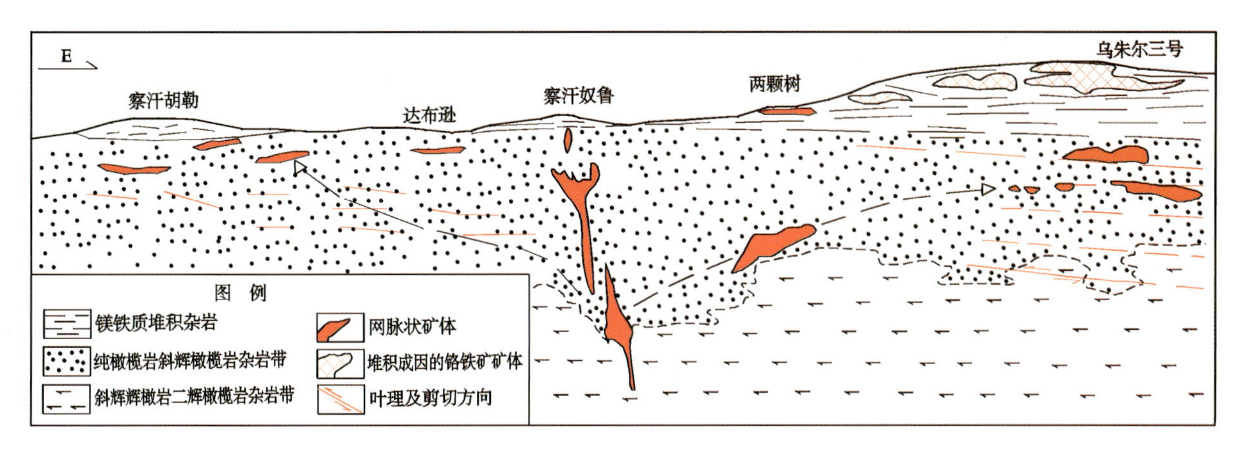

图 4-5　达布逊式岩浆熔离型镍矿预测工作区成矿模式图

二、区域地球物理特征

(一)重力

区域重力场最低值 $\Delta g_{min}=-154.18\times10^{-5}m/s^2$，最高值 $\Delta g_{max}=-140.01\times10^{-5}m/s^2$。剩余重力异常均为北东走向，异常形态为条带状，剩余重力负异常最低值为 $-4.85\times10^{-5}m/s^2$，东部为条带状分布的剩余重力正异常。

预测工作区中部剩余重力负异常和正异常交界处等值线分布密集，推断此处存在断裂构造(F蒙-01058)，东南部的重力梯度带推断为断裂构造(F蒙-01058)引起，中部等轴状剩余重力负异常地表局部出露酸性岩，推断该负异常是酸性岩侵入引起，该负异常东南方向分布条带状重力正异常(G蒙-656-1)，该区域多处出露元古宇及超基性岩，所以推断该正异常为超基性岩和元古宇的综合反映。预测工作区西南部是面状剩余重力负异常，该区域被大面积白垩系所覆盖，推断是中新生代沉积盆地的反映。

矿区位于南部带状高重力异常边部及剩余重力正异常边缘的零等值线附近，表明该类矿床与基性岩、超基性岩体有关。

该区截取一条通过已知矿床的重力剖面进行 2.5D 反演，岩体最大延深约为 0.7km。在该预测工作区推断解释断裂构造 7 条，中酸性岩体 2 个，基性—超基性岩体 1 个，地层单元 1 个，中新生代盆地 2 个。

(二)航磁

在 1∶10 万航磁 ΔT 等值线平面图上，预测工作区磁异常幅值范围 -100～300nT，背景值为 50～100nT，预测工作区整体磁异常平缓，梯度变化小，形态以椭圆形为主，西部幅值较东部高。磁异常轴向及 ΔT 等值线延伸方向以东西向为主。达布逊镍矿位于 100nT 以上的不规则正磁异常区(极值 300nT)。磁法推断的断裂构造以北东向为主，磁场标志多为不同磁场区分界线。预测工作区磁异常推断主要由中酸性侵入岩体引起，西北部磁异常推断由火山岩地层引起。推断断裂 5 条、中酸性岩体 6 个、中基性岩体 1 个，超基性岩体 1 个。

三、区域地球化学特征

区域上分布有 Cr、Fe_2O_3、Co、Ni、Mn、V、Ti 等元素(化合物)组成的高背景区带，在高背景区带中有以 Cr、Fe_2O_3、Co、Ni、Mn、V 为主的多元素（化合物）局部异常。预测工作区内共有 2 处 Cr 异常、10 处 Co 异常、8 处 Fe_2O_3 异常、9 处 Mn 异常、1 处 Ni 异常、6 处 Ti 异常、11 处 V 异常。

预测工作区 Ni、Cr 多呈背景、高背景分布，仅在预测工作区南部存在局部低背景区；高背景带中具有明显的浓度分带和浓集中心，在达布逊地区 Ni、Cr 浓集中心明显，异常强度高。Fe_2O_3、Co 在预测工作区多呈背景分布，浓度分带不明显。Mn 在预测工作区中部和北部呈背景分布，在南部呈背景、低背景分布，在西部呈背景、高背景分布，具有明显的浓度分带和浓集中心，浓集中心呈近东西向带状分布。Ti、V 在预测工作区北部和中部呈背景、高背景分布，具有明显的浓度分带，但浓集中心不明显，在预测工作区南部多呈背景、低背景分布。

预测工作区上元素异常套合较好的编号为 Z－1、Z－2，其中 Z－1 和 Z－2 的异常元素（化合物）有 Cr、Fe_2O_3、Co、Ni、Mn，呈闭合环状分布，Ni 具有明显的浓度分带和浓集中心，Z－1 异常位于达布逊地区。

四、区域遥感特征

预测工作区内解译出东西向巨型温都尔庙-西拉木伦断裂带 1 条、迭布斯格大型断裂构造带 1 条，与巨型断裂带形成一个夹角。解译出中小型构造 200 余条，西部地区的中小型构造主要集中在迭布斯格大型断裂带以西的地区，构造走向以北东东向和北北西向为主；中部地区的中小型构造主要集中在温都尔庙-西拉木伦断裂带以北的区域，构造走向以北北东向和北东东向为主；东南部地区的中小型构造基本都有分布，主要分布在温都尔庙-西拉木伦断裂带和巴音杭盖苏木断裂 F_{107} 形成的夹角东南区域且分布较密，走向分布以北东向与北东东向为主。

本预测工作区内共解译出环形构造 30 余处，有古生代花岗岩类引起的环形构造、与隐伏岩体有关的环形构造及褶皱引起的环形构造。环形构造在空间分布上没有明显的规律。达布逊镍矿与本预测工作区中的羟基、铁染异常吻合。共圈定出 7 个遥感最小预测区。

1～4 号最小预测区：若干小型构造在该区内相交，数个环形构造通过 2 个区域，有大片异常及其组合异常在区域内分布，区域内有明显条状色异常。

5～7 号最小预测区：若干小型构造在该区内相交，数个环形构造通过 3 个区域，7 号最小预测区内有大片异常及其组合异常，区域内有明显条状色异常，存在 1 处大型镍矿。

五、区域预测模型

根据预测工作区区域成矿要素和航磁、重力、化探及遥感，建立了本预测工作区的区域预测要素（表 4－2）。

表 4－2　达布逊式侵入岩体型镍矿达布逊预测工作区区域预测要素表

区域预测要素		描述内容	要素类别
地质环境	大地构造位置	Ⅰ天山-兴蒙造山系；Ⅰ－8 包尔汗图-温都尔庙弧盆系；Ⅰ－8－3 宝音图岩浆弧（Pz_2）	重要
	成矿区（带）	大兴安岭成矿省，阿巴嘎-霍林河铬、铜（金）、锗、煤、天然碱、芒硝成矿带，查干此老-巴音杭盖金成矿亚带	重要
	区域成矿类型及成矿期	侵入岩体型，海西中期	必要

续表 4-2

区域预测要素		描述内容	要素类别
控矿地质条件	赋矿地质体	超基性岩	必要
	控矿侵入岩	海西中期超基性岩	必要
	主要控矿构造	近东西向断裂控制超基性岩体(成矿母岩)的发育形态和产状;北北东向(近南北向)断裂对超基性岩体起破坏作用	重要
区内相同类型矿产		中型镍矿床 1 处	重要
地球物理特征	重力	区域重力场最低值 $\Delta g_{min}=-154.18\times10^{-5}\ m/s^2$,最高值 $\Delta g_{max}=-140.01\times10^{-5}\ m/s^2$。剩余重力异常均为北东走向,异常形态为条带状,剩余重力负异常最低值为 $-4.85\times10^{-5}\ m/s^2$,东部为条带状分布的剩余重力正异常	重要
	航磁	位于近东西向正磁异常上,其值 450～500nT	重要
地球化学特征		Ni 化探异常起始值大于 32×10^{-6}	重要
遥感特征		局部有一级铁染和羟基异常	重要

区域预测要素图以区域成矿要素图为基础,叠加重力、航磁、化探、遥感等资料而成。

预测模型图以地质剖面图为基础,叠加区域航磁及重力剖面图而形成,简要表示预测要素内容及其相互关系,以及时空展布特征(图 4-6)。

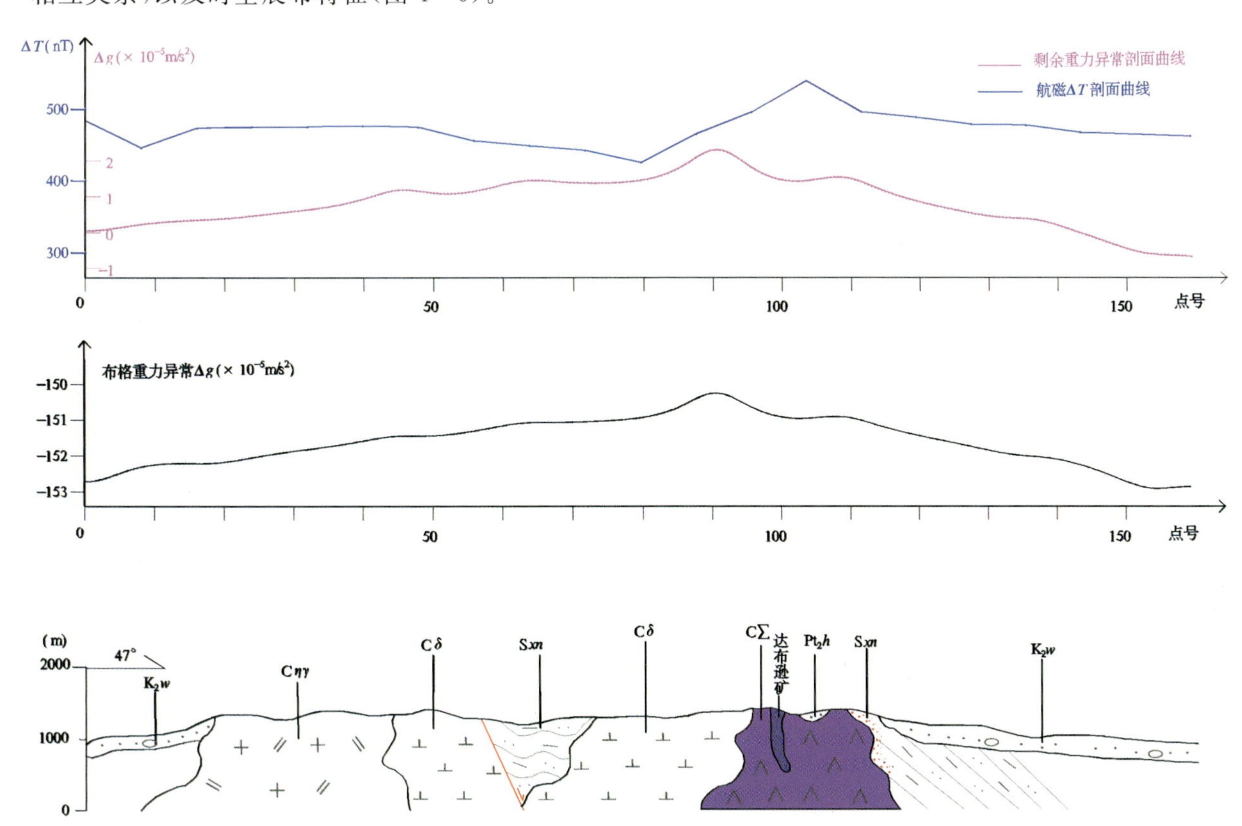

图 4-6　达布逊式镍矿预测工作区预测模型图

K_2w. 乌兰苏海组;Sxn. 徐尼乌苏组;Pt_2h. 哈尔哈达组;$C\eta\gamma$. 石炭纪浅灰色糜棱岩化二长花岗岩;$C\delta$. 石炭纪灰绿色蚀变闪长岩;$C\Sigma$. 石炭纪绢石蛇纹岩

第三节　矿产预测

根据典型矿床的研究，结合大地构造环境、主要控矿因素、成矿作用特征等，其矿床成因类型为岩浆熔离型，超基性岩体为成矿母岩，矿体是成矿物质在液体状态下从硅酸盐岩浆中分离出来，因此确定预测方法类型为侵入岩体型。

一、综合地质信息定位预测

1. 变量提取及优选

根据典型矿床成矿要素及预测要素研究，本次选择网格单元法作为预测单元，根据预测底图比例尺(1∶10 万)确定网格间距为 1000m×1000m，图面为 10mm×10mm(图 4-7)。选取以下变量：

(1)地质体：褐黄色碳酸盐化蛇纹岩(C$\psi\omega$)及绢石蛇纹岩(CΣ)。

(2)化探：Ni 化探异常取起始值大于 32×10^{-6}的范围。

(3)重力：剩余重力异常取起始值大于-1×10^{-5}m/s^2 的范围。

(4)航磁：航磁化极异常取起始值大于 400nT 的范围。

地质体要素进行单元赋值时采用区的存在标志；化探、剩余重力、航磁化极则求起始值的加权平均值，进行原始变量构置。

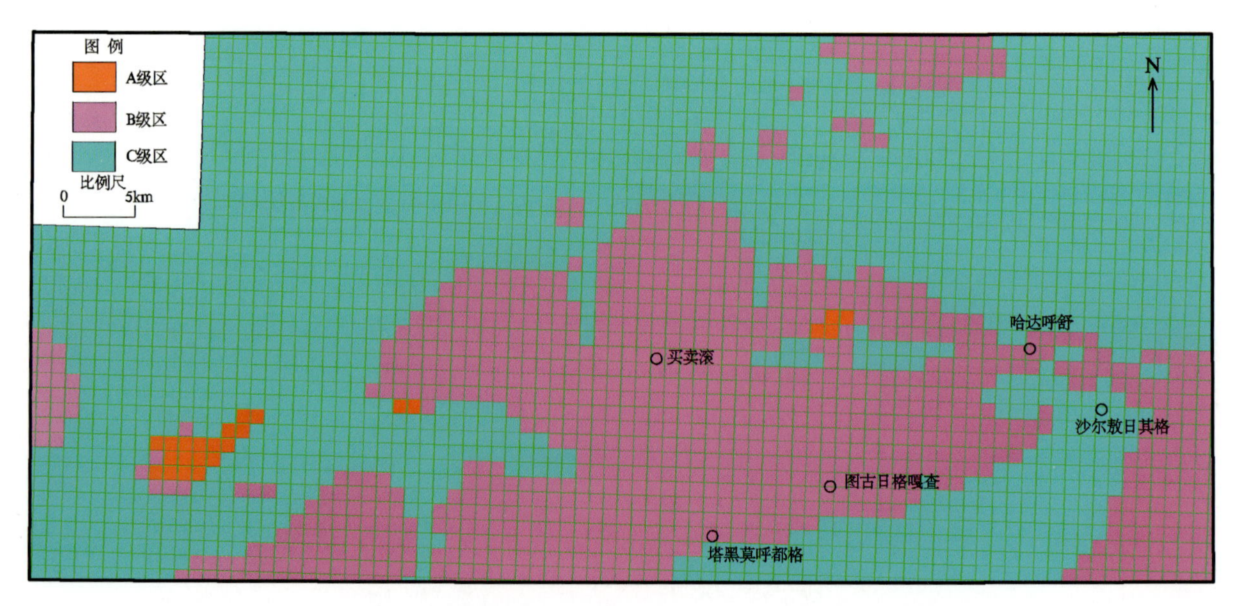

图 4-7　乌拉特后旗达布逊式侵入岩体型镍矿达布逊预测工作区预测单元图

对化探、剩余重力、航磁化极进行二值化处理，人工输入变化区间，根据形成的定位数据转换专题构造预测模型。

2. 最小预测区圈定及优选

由于预测工作区内只有一个已知矿床，因此采用 MRAS 矿产资源 GIS 评价系统中少预测模型工程。用聚类分析法进行评价，再结合综合信息法叠加各预测要素圈定最小预测区，并进行优选。

3. 最小预测区圈定结果

本次工作共圈定最小预测区 10 个(图 4－8),其中 A 级 1 个,面积 $2.58km^2$,B 级 5 个,总面积 $0.55km^2$,C 级 4 个,总面积 $2.32km^2$。

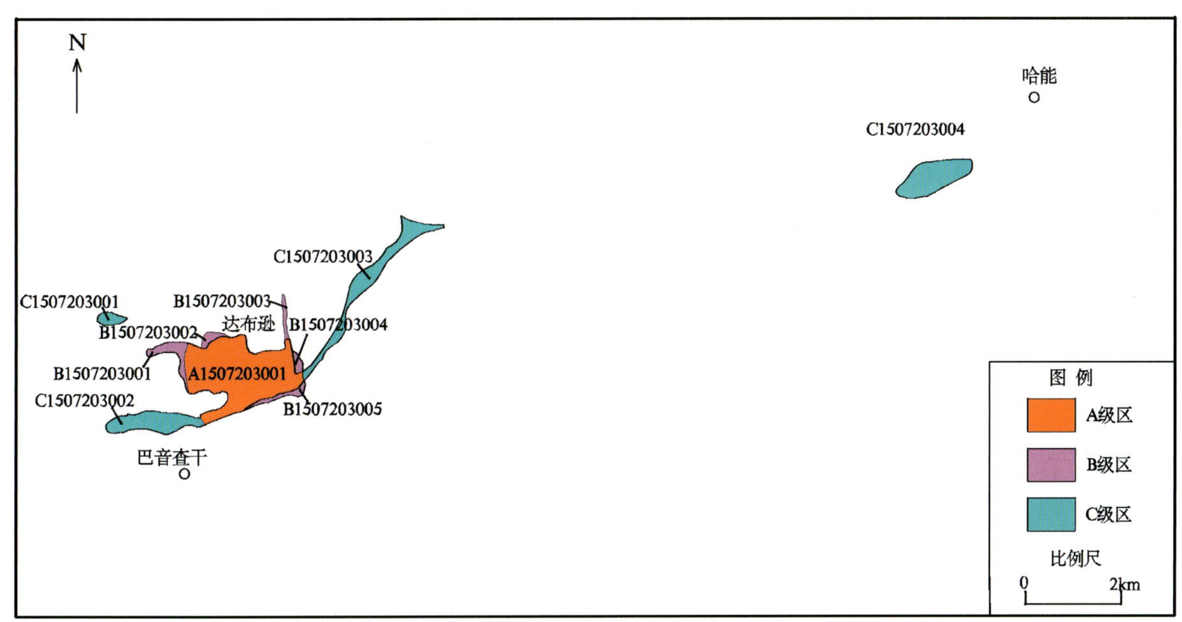

图 4－8　达布逊式侵入岩体型镍矿最小预测区优选分布图

4. 最小预测区地质评价

各最小预测区成矿条件及找矿潜力见表 4－3。

表 4－3　达布逊式侵入岩体型镍矿最小预测区成矿条件及找矿潜力一览表

最小预测区编号	最小预测区名称	最小预测区成矿条件及找矿潜力(航磁/nT,化探/$\times10^{-6}$)	评价
A1507203001	达布逊	有已知达布逊镍矿床,出露的地质体为绢石蛇纹岩,Ni 化探异常起始值大于 79	找矿潜力巨大
B1507203001	达布逊西	有揭露的地质体绢石蛇纹岩,Ni 化探异常起始值大于 79,磁异常 ΔT 值大于－200	找矿潜力较好
B1507203002	达布逊北	有揭露的地质体绢石蛇纹岩,Ni 化探异常起始值大于 79,磁异常 ΔT 值大于－200	找矿潜力较好
B1507203003	达布逊北东	有揭露的地质体绢石蛇纹岩,Ni 化探异常起始值大于 79,磁异常 ΔT 值大于－200	找矿潜力较好
B1507203004	达布逊东	有揭露的地质体绢石蛇纹岩,Ni 化探异常起始值大于 79,磁异常 ΔT 值大于 0	找矿潜力较好
B1507203005	达布逊南东	有揭露的地质体绢石蛇纹岩,Ni 化探异常起始值大于 79,磁异常 ΔT 值大于 300	找矿潜力较好
C1507203001	巴音查干北西	出露的地质体为绢石蛇纹岩,Ni 化探异常起始值 44	有一定找矿潜力
C1507203002	巴音查干	出露的地质体为绢石蛇纹岩,Ni 化探异常起始值 79	有一定找矿潜力
C1507203003	巴音查干北东	出露的地质体为褐黄色碳酸盐化蛇纹岩,Ni 化探异常起始值 79	有一定找矿潜力

二、综合信息地质体积法估量资源量

1. 典型矿床深部及外围资源量估量

已查明资源量、密度及镍矿品位来源于《内蒙古自治区乌拉特后旗达布逊镍钴多金属矿普查(部分详查)阶段成果》(内蒙古自治区第二地质矿产开发院,2010)。矿床面积的是根据1∶5000达布逊矿区地形地质图中各个矿体(参与计算已探明储量的)组成的包络面面积换算而来,矿体延深依据主矿体勘探线剖面图(图4-9)推断。

典型矿床体积含矿率=查明资源储量/(面积×延深)=26 093.74/(344 594.40×266.8)=0.000 283 82(t/m^3)(表4-4)。

达布逊镍矿深部预测资源量=预测矿体面积×预测延深×体积含矿率=344 594.40×107.58×0.000 283 82=10 521.61(t),类别为334-1。外围预测资源量=预测矿体外围面积×预测延深×体积含矿率=616 857.42×374.38×0.000 283 82=65 545.13(t),类别为334-1。

表4-4　达布逊镍矿典型矿床深部及外围资源量估算一览表

典型矿床(107°09′00″,42°14′30″)		深部及外围		
已查明资源量(金属量:t)	26 093.74	深部	面积(m^2)	3 344 594.40
面积(m^2)	344 594.40		深度(m)	107.58
深度(m)	266.80	外围	面积(m^2)	616 857.42
品位(%)	0.48		深度(m)	374.38
密度(t/m^3)	2.78	预测资源量(t)		76 066.73
体积含矿率(t/m^3)	0.000 283 82	典型矿床资源总量(t)		102 160.47

2. 模型区的确定、资源量及估算参数

模型区内只有达布逊镍矿一个已知矿床,该模型区资源总量就等于典型矿床资源总量,模型区含矿地质体延深与典型矿床一致(表4-5)。含矿地质体含矿系数=资源总量/含矿地质体总体积,为0.000 105 68t/m^3。

表4-5　达布逊式侵入岩体型镍矿模型区预测资源量及其估算参数表

编号	名称	模型区总资源量(金属量,t)	模型区面积(m^2)	延深(m)	含矿地质体面积(m^2)	含矿地质体面积参数	含矿地质体含矿系数(t/m^3)
A1507203001	达布逊	102 160.47	2 582 250.46	374.38	2 582 250.46	1	0.000 105 68

3. 最小预测区预测资源量

(1)估算参数的确定。最小预测区面积圈定是根据MRAS所形成的优选色块区结合含矿地质体、已知矿床及磁异常范围进行圈定。延深由专家综合分析确定。相似系数(α)主要依据最小预测区内含矿地质体本身出露的大小、产状、化探异常强度等因素,由专家确定。

(2)最小预测区预测资源量估算结果。本次预测资源总量为87 405.12t,不包括已查明资源量26 093.74t,各最小预测区的预测资源量见表4-6。

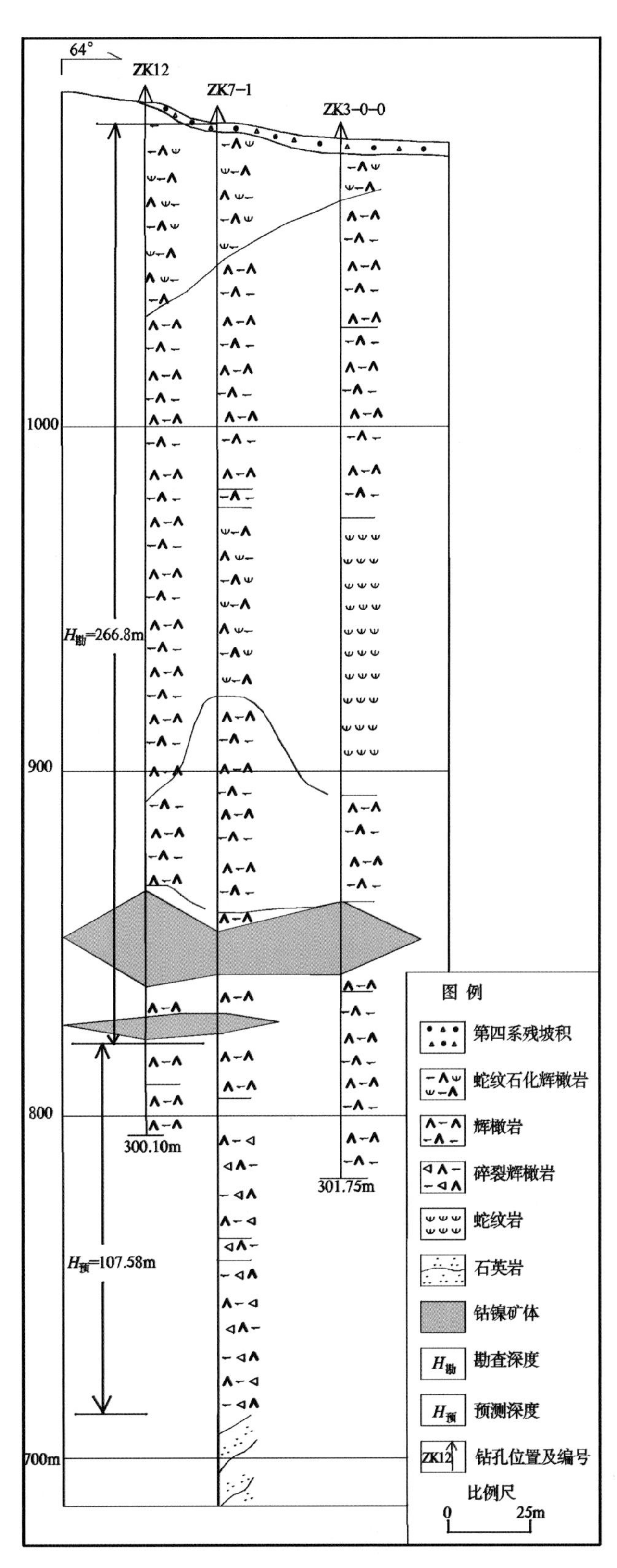

图 4-9　乌拉特后旗达布逊矿区镍矿地质剖面图

表 4-6　达布逊式侵入岩体型镍矿达布逊预测工作区最小预测区估算成果表

最小预测区编号	最小预测区名称	$S_{预}$(km^2)	$H_{预}$(m)	α	K	$Z_{预}$(t)	精度
A1507203001	达布逊	2.58	374.38	1	0.000 105 675	76 066.73	334-1
B1507203001	达布逊西	0.22	220	0.3	0.000 105 675	1 563.17	334-2
B1507203002	达布逊北	0.09	190	0.3	0.000 105 675	521.14	334-2
B1507203003	达布逊北东	0.07	180	0.3	0.000 105 675	390.57	334-2
B1507203004	达布逊东	0.06	150	0.2	0.000 105 675	187.87	334-2
B1507203005	达布逊南东	0.11	210	0.2	0.000 105 675	489.95	334-2
C1507203001	巴音查干北西	0.12	180	0.3	0.000 105 675	666.75	334-3
C1507203002	巴音查干	0.62	170	0.3	0.000 105 675	3 319.32	334-3
C1507203003	巴音查干北东	0.82	130	0.2	0.000 105 675	2 257.27	334-3
C1507203004	哈能	0.77	120	0.2	0.000 105 675	1 942.34	334-3

4. 预测工作区资源总量成果汇总

按最小预测区级别划分为 A 级、B 级、C 级；按精度分为 334-1、334-2、334-3 三种；按矿产预测类型统计，全为侵入岩体型。预测深度均在 500m 以浅，按可利用性类别、可信度统计见表 4-7。

表 4-7　达布逊式侵入岩体型镍矿达布逊预测工作区资源量估算汇总表

(单位:t)

深度	精度	可利用性		可信度			预测级别	
		可利用	暂不可利用	≥0.75	≥0.5	≥0.25		
500m 以浅	334-1	76 066.73	/	76 066.73	76 066.73	76 066.73	A 级	76 066.73
	334-2	3 152.71	/	1 563.17	3 152.71	3 152.71	B 级	3 152.71
	334-3	/	8 185.68	/	5 576.59	8 185.68	C 级	8 185.68

第五章　亚干式侵入岩体型镍矿预测成果

第一节　典型矿床特征

一、典型矿床及成矿模式

(一)典型矿床特征

亚干镍矿西距额济纳旗 280km,南距巴彦浩特 400km,戈壁滩上越野汽车尚可通行。

1. 矿区地质

1)地层

矿区内出露古元古界北山岩群(图 5－1),下岩组由灰白色白云石大理岩、黑云斜长片麻岩、变粒岩、黑云斜长变粒岩及少量变质流纹岩组成,该岩组以白云石大理岩为主。地层内多有辉长岩、矽卡岩化辉长岩、斜长角闪岩及花岗岩、花岗伟晶岩侵入,常形成透辉石阳起石角岩、透辉石矽卡岩,并发生轻微蛇纹石化。上岩组为黑云斜长片麻岩、黑云二长片麻岩、黑云斜长变粒岩、变粒岩夹白云石大理岩、钠长阳起石片岩及变流纹岩等。二叠系出露于矿区南部及西部地区。

2)岩浆岩

矿区岩浆活动强烈,主要有新元古代辉长岩、橄榄辉石岩,呈岩株或岩脉产出,受构造控制,多呈北西西向展布,侵入北山岩群大理岩、片麻岩组合和含十字片岩、角闪片岩组合,被石炭纪二长花岗岩侵入。在辉长岩与白云石大理岩接触带处,内接触带有数米宽的矽卡岩带,见有黝帘透辉矽卡岩、透辉石矽卡岩等;外接触带局部地方形成蛇纹石化大理岩。辉长岩为主要赋矿岩体,矿区有辉长岩和角闪辉长岩两种岩石类型。

辉长岩呈灰黑色、黑绿色。由普通辉石和斜长石组成。在大的岩体可分为边缘相、过渡相和中心相。相带之间为渐变过渡关系。边缘相:位于岩体的边部,宽约 80m,由中细粒似片麻状纤闪石化辉长岩组成,岩石呈灰绿色,变辉长结构,中细粒结构,片状构造。单斜辉石 60%～65%,斜长石 35%～40%。过渡相:由粗粒纤闪石化辉长岩组成,岩石呈黑绿色,辉长结构,粗粒等粒结构,块状构造,单斜辉石 74%～80%,斜长石 20%～26%,该带宽 180m。中心相:位于岩体中心部位,由纤闪石化伟晶辉石岩和伟晶纤闪石化辉长岩组成,具球状结构,球状构造愈向中心愈发育,球体直径可达 20～100cm,单斜辉石含量 85%～95%,呈巨粒状,粒径 3～5cm,斜长 5%～15%。

角闪辉长岩为灰绿色,片麻状,块状构造。由斜长石(17%～38%)、角闪石(60%～80%)组成。据钻孔资料,在岩体底部有暗灰色橄榄辉石岩。

3)构造

矿区构造十分发育,以北西向复式背斜为主体,发育数条规模不等的次级线性背向斜构造。断裂构造主要以北东向、北西向为主。北西向断裂为控岩、控矿构造。

2. 矿床特征

铜镍矿体赋存于辉长岩中，共圈定矿带2条（北部为钴矿体、南部为铜镍钴矿体），矿体9条。矿区内有铜钴镍矿体、镍钴矿体和钴矿体，矿体形态为脉状，具有膨胀收缩、分枝复合现象，复杂程度属中等。矿体走向近东西向，向南倾，倾角68°～80°，为盲矿体，埋深近百米。通过磁测及钻探推断，矿体为透镜状，长760m，平均厚9m，倾向延深300m，矿体走向近东西向，倾角近直立或南倾。

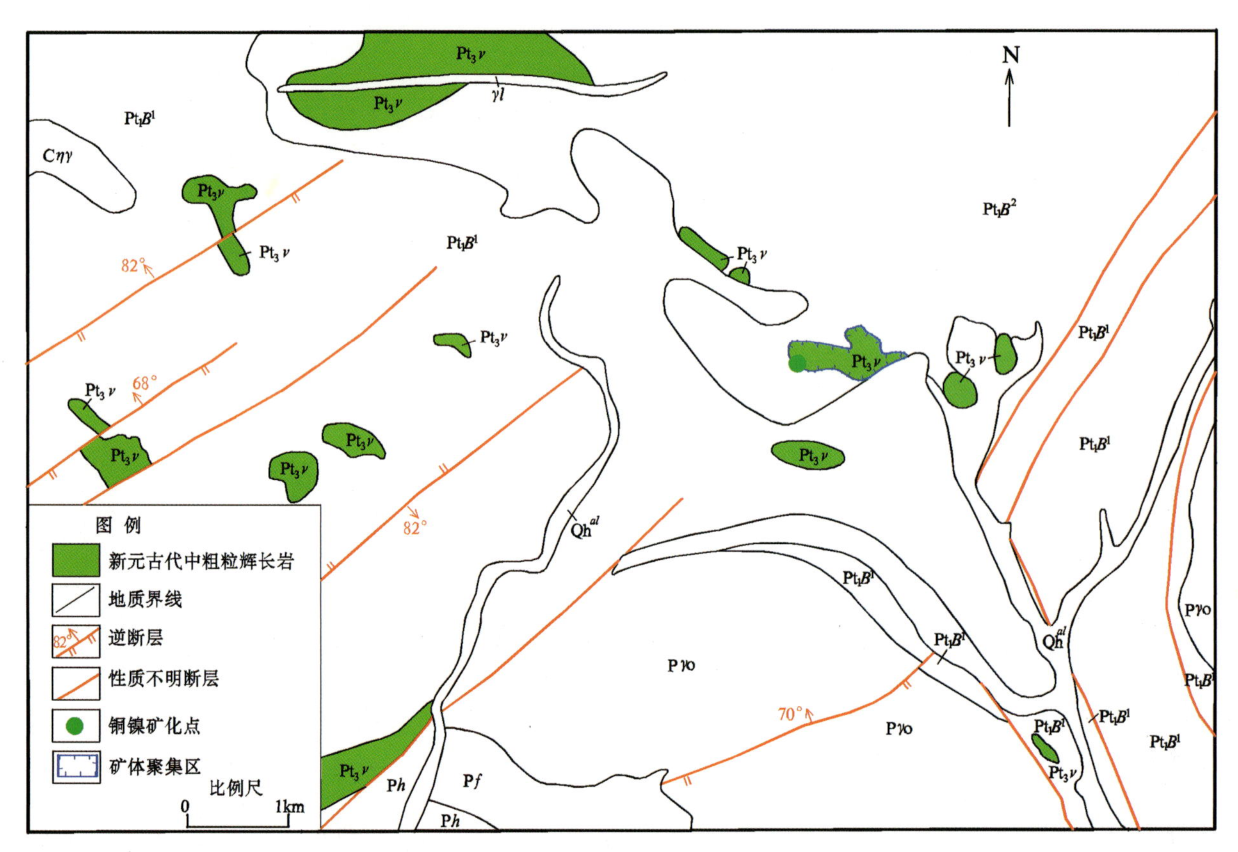

图5-1　亚干镍矿地质简图

Qh^{al}. 第四系全新统冲积层；Ph. 哈尔苏海组；Pf. 方山口组；Pt_1B^2. 北山群上岩组；Pt_1B^1. 北山群下岩组；$P\gamma o$. 二叠纪中粒英云闪长岩；$C\eta\gamma$. 石炭纪中粗粒二长花岗岩；$Pt_3\nu$. 新元古代暗灰绿色中粗粒辉长岩；$\gamma\iota$. 细晶花岗岩脉

3. 矿石特征

自然类型为含铜镍钴硫化物矿石和氧化矿石。矿石矿物为黄铜矿、镍黄铁矿、磁黄铁矿及孔雀石。脉石矿物为黄铁矿、辉石、斜长石、绢云母、绿泥石。

4. 矿石结构构造

矿石结构主要为粒状结构，构造有浸染状、条带状、团块状等构造。

5. 围岩蚀变

有矽卡岩化、硅化、黄铁矿化、绢云母化、绿泥石化、蛇纹石化。

6. 主元素含量

Cu:0.196%～0.285%;Ni:0.165%～0.304%;Co:0.019%～0.037 4%。

7. 矿床成因及成矿时代

矿床成因类型为侵入岩体型铜镍钴矿床,其成矿时代过去认为是新元古代,现依据锆石 U-Pb 同位素年龄,归于二叠纪。

(二)矿床成矿模式

亚干铜镍矿床成矿可分两个主要阶段:岩浆熔离阶段和热液交代成矿阶段。

(1)岩浆熔离阶段:含金属硫化物的基性—超基性岩浆沿构造裂隙侵入后,随温度下降,铁镁矿物开始大量结晶,硅钙铝组分相对增加,金属硫化物从硅酸盐熔浆中熔离出来,在岩体尚未固结之前由于重力作用硫化物熔浆向岩体底部下沉,分布在先结晶的硅酸盐矿物颗粒之间,形成了少量似海绵陨铁结构和稀疏浸染状构造的底部矿体(图 5-2)。由于岩浆中金属硫化物不太丰富,加之分异不佳,熔离作用较差,一部分金属硫化物仍分散残存于整个岩体中,致使大部分岩体底部尚未熔离成矿,仅在岩体局部有利地段,形成了较贫的工业矿体。

(2)热液交代成矿阶段:在金属硫化物发生熔离作用的基础上,含矿热液沿构造破碎带多次上升,对矿体和围岩发生了强烈交代,原来底部贫矿体再次富集,形成热液交代型矿体。

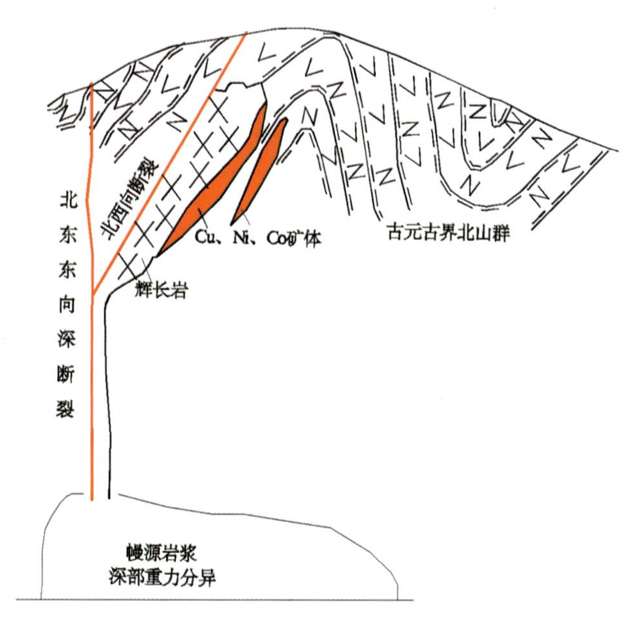

图 5-2 亚干镍矿成矿模式示意图

二、典型矿床物探特征

1. 重力

亚干式岩浆型铜镍钴矿床位于布格重力异常低值区,剩余布格重力异常图上在编号为L蒙-783与L蒙-784两个负异常之间的零值区,该剩余重力低异常推测由酸性岩体所致。

2. 磁法

矿区总体呈北北西走向的磁异常，具叠加磁场特征，北南两端次级异常峰值为400nT及300nT，异常总体长700m、宽150～200m。

3. 激电

视电阻率为300～1000Ω·m，视极化率为3%～5%，为围岩4倍以上，具高阻、高极化率。

三、典型矿床地球化学特征

亚干镍矿矿区主成矿元素为Cu、Ni、Co，伴生Au、Ag、Pt，Cu、Ni异常有明显的浓集中心，强度高，并有良好的浓度分带；在矿区周围Au元素成高背景分布，分布范围广，连续性好；区域上出现Fe、Mg、Ni、Co、Ti等铁族元素组合的区域高背景带或异常带，在隐伏铜镍矿上方没有明显的Cu、Ni异常，但出现As、Cd、Au以及Sb、Hg、Ag、Ba、Mo等组合异常。

四、典型矿床预测模型

根据典型矿床成矿要素及地质、物探、化探资料，确定典型矿床预测要素，编制了典型矿床预测要素图。其中地磁资料以等值线形式标在矿区地质图上，而重力资料由于只有1∶20万比例尺的资料，所以采用矿床所在地区的系列图作为角图表示(图5-3、图5-4)。

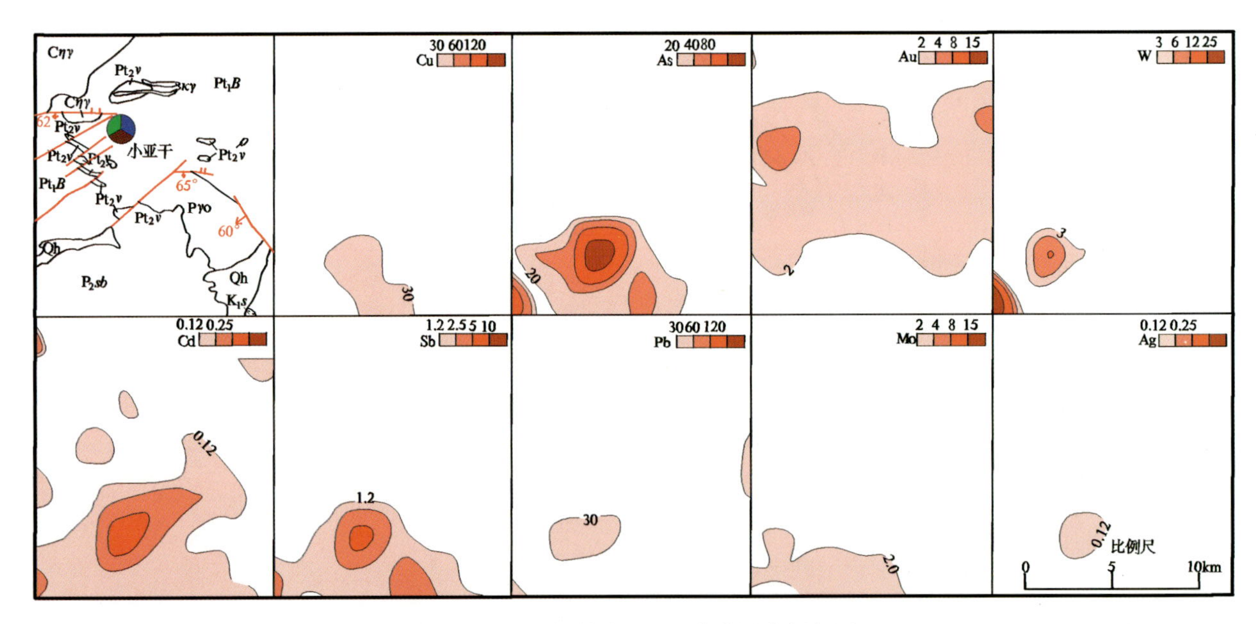

图5-3　亚干铜镍多金属矿综合异常剖析图

Qh. 第四系全新统；K_1s. 苏红图组；P_2sb. 双堡塘组；Pt_1B. 北山群；$\kappa\gamma$. 碱长花岗岩脉；$P\gamma o$. 二叠纪斜长花岗岩；$C\eta\gamma$. 石炭纪二长花岗岩；$Pt_2\nu$. 中元古代辉长岩

以典型矿床成矿要素图为基础，综合研究重力、磁法、化探等信息，总结典型矿床预测要素表(表5-1)。

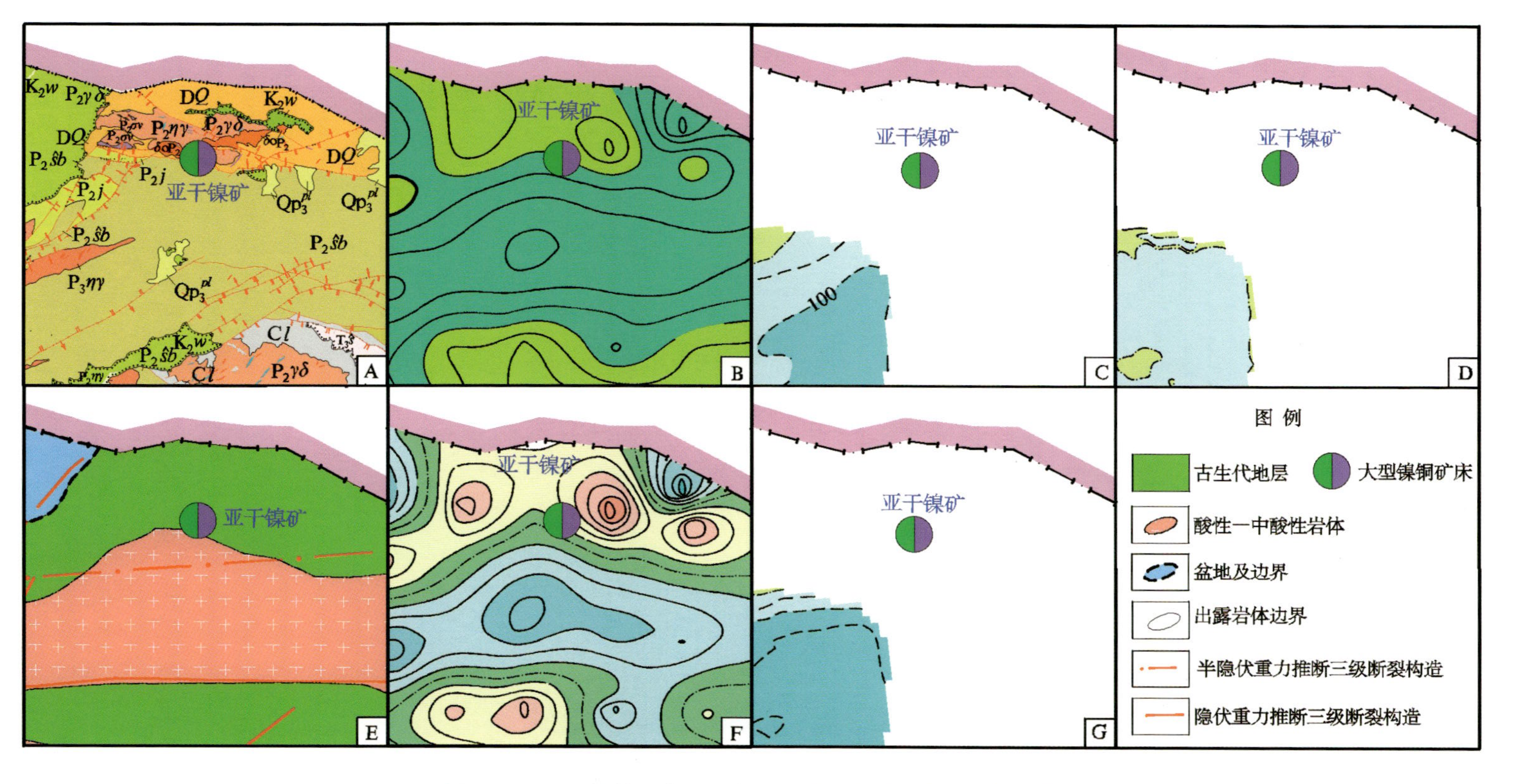

图 5-4　亚干铜镍矿典型矿床与区域地质矿产及物探剖析图

A. 地质矿产图；B. 布格重力异常图；C. 航磁 ΔT 等值线平面图；D. 航磁 ΔT 化极垂向一阶导数等值线平面图；E. 重力推断地质构造图；F. 剩余重力异常图；G. 航磁 ΔT 化极等值线平面图。A 图中 Qp_3^{pl}. 第四系上更新统洪积；K_2w. 乌兰苏海组；$T_3\hat{s}$. 珊瑚井组；$P_2\hat{s}b$. 双堡堂组；Cl. 绿条山组；DQ. 雀山群；$P_3\eta\gamma$. 晚二叠世二长花岗岩；$P_2\eta\gamma$. 中二叠世二长花岗岩；$P_2\gamma\delta$. 中二叠世花岗闪长岩；$P_2\delta o$. 中二叠世石英闪长岩；$P_2\sigma\nu$. 中二叠世橄览辉石岩

表 5-1　亚干式侵入岩体型镍矿典型矿床预测要素表

<table>
<tr><td colspan="2">预测要素</td><td colspan="3">内容描述</td><td rowspan="3">要素类别</td></tr>
<tr><td colspan="2">储量</td><td>镍金属量:10.68×10^4 t</td><td>平均品位</td><td>0.234%</td></tr>
<tr><td colspan="2">特征描述</td><td colspan="3">与基性—超基性侵入岩有关的岩浆熔离型镍矿床</td></tr>
<tr><td rowspan="3">地质环境</td><td>构造背景</td><td colspan="3">Ⅰ天山-兴蒙造山系;Ⅰ-9 额济纳旗-北山弧盆系;Ⅰ-9-2 红石山裂谷(C)</td><td>重要</td></tr>
<tr><td>成矿环境</td><td colspan="3">磁海-公婆泉铁、铜、金、铅、锌、钨、锡、铷、钒、铀、磷成矿带、珠斯楞-乌拉尚德铜、金、镍成矿亚带</td><td>重要</td></tr>
<tr><td>成矿时代</td><td colspan="3">新元古代</td><td>重要</td></tr>
<tr><td rowspan="7">矿床特征</td><td>矿体形态</td><td colspan="3">脉状,具有膨胀收缩、分枝复合现象</td><td>重要</td></tr>
<tr><td>岩石类型</td><td colspan="3">辉长岩、橄榄辉石岩</td><td>重要</td></tr>
<tr><td>岩石结构</td><td colspan="3">海绵陨铁结构</td><td>次要</td></tr>
<tr><td>矿物组合</td><td colspan="3">黄铜矿、镍黄铁矿、磁黄铁矿及孔雀石</td><td>主要</td></tr>
<tr><td>结构构造</td><td colspan="3">不等粒状变晶结构、土状微晶状结构,块状构造</td><td>次要</td></tr>
<tr><td>围岩蚀变</td><td colspan="3">矽卡岩化、硅化、黄铁矿化、绢云母化、绿泥石化、蛇纹石化</td><td>次要</td></tr>
<tr><td>控矿条件</td><td colspan="3">辉长岩及北西向断裂</td><td>必要</td></tr>
<tr><td rowspan="2">地球物理特征</td><td>重力</td><td colspan="3">重力正异常,剩余重力起始值-185×10^{-5} m/s^2</td><td>重要</td></tr>
<tr><td>磁法</td><td colspan="3">矿区总体呈北北西走向的磁异常,具叠加磁场特征,北南两端次级异常峰值为400nT 及 300nT,异常总体长 700m、宽 150～200m</td><td>重要</td></tr>
<tr><td colspan="2">地球化学特征</td><td colspan="3">隐伏铜镍矿上方没有明显的 Cu、Ni 异常,但出现 As、Cd、Au 以及 Sb、Hg、Ag、Ba、Mo 等组合异常</td><td>重要</td></tr>
</table>

第二节　预测工作区研究

预测工作区范围为:东经 103°15′00″—103°45′00″,北纬 41°40′00″向北至中蒙边界。比例尺为 1∶10 万。

一、区域地质特征

(一)成矿地质背景

1. 地层

出露中新太古代白云石大理岩夹黑云斜长片麻岩、黑云角闪片麻岩、变粒岩等;古元古代黑云斜长变粒岩(角闪斜长变粒岩)、黑云二长变粒岩、黑云二长片岩夹石榴石石英片岩、白云石大理岩等。二叠系双堡塘组、金塔组;下白垩统巴音戈壁组、上白垩统乌兰苏海组和早白垩世安山岩、安山玄武岩以及第四系。

2. 侵入岩

有中元古代辉长岩,志留纪二长花岗岩,中二叠世石英闪长岩,晚二叠世石英二长岩、英云闪长岩、似斑状黑云二长花岗岩及早侏罗世黑云二长花岗岩。

3. 构造

预测工作区大地构造位置属天山-兴蒙造山系（Ⅰ）一级构造分区；额济纳旗-北山弧盆系（Ⅰ-9）二级构造分区；红石山裂谷（Ⅰ-9-2）三级构造分区。预测工作区处于亚干断裂带和恩格尔乌苏蛇绿混杂岩带之间，以褶皱为主，断裂和片理化构造为次。

亚干北背斜构造：中新太古代白云石大理岩为核部，古元古代片麻岩和变粒岩为翼部。受后期构造的影响，小褶曲的形态和轴向变化较大，再加上断裂的破坏，其构造形态支离破碎，但总体仍表现为近东西向褶皱。

嘎顺陶来背向斜褶皱：中二叠统双堡塘组碎屑岩形成的背、向斜构造。

北东向构造带主要表现为北东向的隆起、坳陷、断裂和褶皱。从区域上看，隆起带和坳陷带呈北东50°～60°方向展布。隆起和坳陷相间呈雁列式排列。隆起带由前白垩系和岩体构成，其内北东向断裂相当发育。坳陷带内由白垩系构成，形成宽缓的褶皱构造。北西向断裂较少，多为后期断裂。

（二）区域成矿模式

深大断裂的活动使来自上地幔的富含金属硫化物的镁铁—超镁铁质岩浆上侵至古元古代碳酸盐岩类地层中，并形成规模不等的基性—超基性杂岩体，古元古代碳酸盐岩类地层经热接触变质作用形成大理岩类。在镁铁—超镁铁质岩浆与古元古代碳酸盐岩类地层接触交代作用的过程中，铜镍钴等成矿元素在二者的接触带上岩体一侧有利部位逐渐富集，在岩体与地层接触面积较大的凹凸部位最终形成矿体（图5-5）。

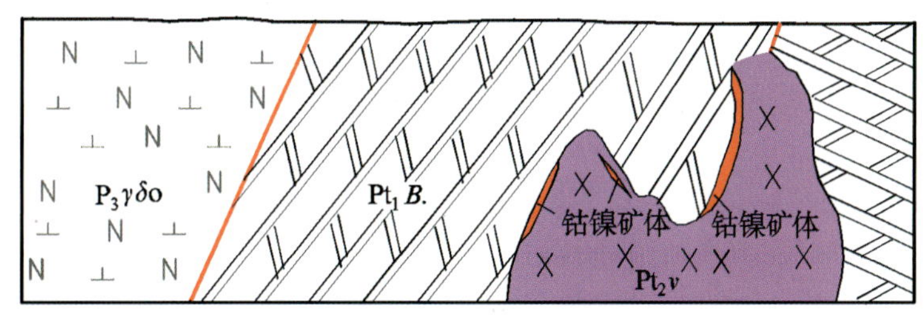

图5-5 亚干预测工作区区域成矿模式图

Pt_1B.．北山岩群；$P_3\gamma\delta o$．晚三叠世英云闪长岩；$Pt_2\nu$．中元古代辉长岩

二、区域重力特征

预测工作区范围较小，区域布格重力场基本反映出北部重力低、南部重力高的特点。预测工作区北部为椭圆状低重力异常带，布格重力最低值在$-185\times10^{-5}m/s^2$左右。剩余重力图中显示为等轴状剩余重力负异常，地表局部出露中酸性岩，推断负异常由酸性岩体引起。预测工作区东部出现重力等值线同向扭曲，与北部地质条件类似，同样推断为酸性岩体。预测工作区中部重力值相对较高，最高值达到$-165\times10^{-5}m/s^2$，反映到剩余重力图中为面状剩余正异常，地表局部出露二叠系，因此推断剩余正异常为古生界引起。另外中北部地区零星出露超基性岩，并伴有不规则的剩余重力正异常，北部被国境线截断未封闭，推断为超基性岩与老地层的综合反映。亚干铜镍钴多金属矿位于中北部重力高异常上，表明该类矿床与超基性岩体有关。

预测工作区内推断断裂构造4条、中酸性岩体2个、基性—超基性岩体1个、地层单元2个、中新生代盆地2个。

三、区域地球化学特征

区域上分布有 Cr、Fe_2O_3、Co、Ni、Mn 等元素及氧化物组成的高背景区带，在高背景区带中有以 Cr、Fe_2O_3、Co、Ni、Mn 为主的多元素（化合物）局部异常。预测工作区内共有 1 处 Cr 异常、3 处 Co 异常、5 处 Fe_2O_3 异常、3 处 Mn 异常、4 处 Ni 异常。

预测工作区西部和中部，Ni 呈背景、高背景分布，在亚干地区存在明显的局部异常，具有明显的浓度分带和浓集中心；预测工作区西部和中部存在 Cr、Fe_2O_3、Co、Mn 的背景、高背景区，其余地区多呈背景、低背景分布；在亚干地区存在 Cr 的局部异常，浓集中心明显，异常强度高；预测工作区南部存在 Mn 的局部异常，浓集中心明显，异常强度较高；V、Ti 在预测工作区呈背景分布。

预测工作区上元素异常套合较好的编号为 Z－1 和 Z－2，其中 Z－1 的异常元素有 Ni、Cr，呈闭合环状分布，Ni 具有明显的浓度分带；Z－2 的异常元素有 Ni、Fe_2O_3、Co、Mn，元素呈闭合环状分布，Fe_2O_3 的异常范围较小，元素异常套合较好。

四、区域预测模型

根据典型矿床预测模型、预测工作区区域成矿要素和重力及化探异常特征等，建立了本预测工作区的区域预测要素（表 5－2），编制预测工作区预测要素图和预测模型图（图 5－6）。

表 5－2　亚干式侵入岩体型镍矿亚干预测工作区区域预测要素表

<table>
<tr><th colspan="2">区域预测要素</th><th>描述内容</th><th>要素类别</th></tr>
<tr><td rowspan="3">地质环境</td><td>大地构造位置</td><td>Ⅰ天山-兴蒙造山系；Ⅰ-9 额济纳旗-北山弧盆系；Ⅰ-9-2 红石山裂谷（C）</td><td>重要</td></tr>
<tr><td>成矿区（带）</td><td>磁海-公婆泉铁、铜、金、铅、锌、钨、锡、铷、钒、铀、磷成矿带（Ⅲ级）、珠斯楞-乌拉尚德铜、金、铅、锌成矿亚带（Ⅳ级）</td><td>重要</td></tr>
<tr><td>区域成矿类型及成矿期</td><td>侵入岩体型、新元古代</td><td>必要</td></tr>
<tr><td rowspan="2">控矿地质条件</td><td>赋矿地质体及控矿侵入岩</td><td>新元古代辉长岩及橄榄辉石岩</td><td>必要</td></tr>
<tr><td>主要控矿构造</td><td>北西向断裂</td><td>重要</td></tr>
<tr><td colspan="2">区内相同类型矿产</td><td>成矿区带内有 1 个镍矿点</td><td>重要</td></tr>
<tr><td colspan="2">重力异常</td><td>重力正异常，剩余重力起始值$-185\times10^{-5}m/s^2$</td><td>重要</td></tr>
<tr><td colspan="2">地球化学特征</td><td>区域上分布有 Cr、Fe_2O_3、Co、Ni、Mn 等元素（化合物）组成的高背景区带，在高背景区带中有以 Cr、Fe_2O_3、Co、Ni、Mn 为主的多元素（化合物）局部异常。预测工作区内共有 1 处 Cr 异常，3 处 Co 异常，5 处 Fe_2O_3 异常，3 处 Mn 异常，4 处 Ni 异常</td><td>次要</td></tr>
<tr><td colspan="2">遥感特征</td><td>遥感解译线性构造，有 2 个最小预测区</td><td>次要</td></tr>
</table>

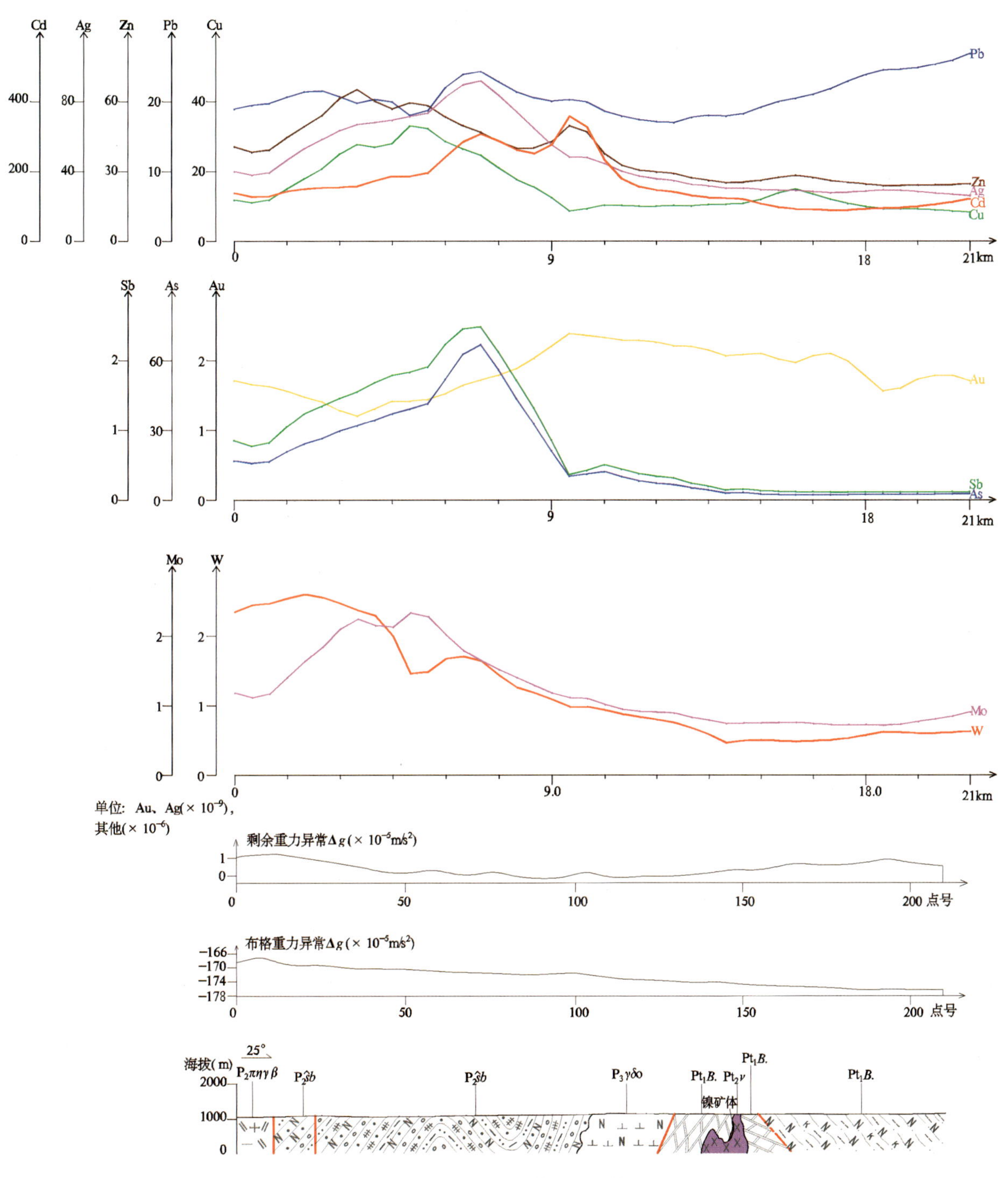

图 5-6　亚干预测工作区预测模型图

$P_2\hat{s}b$. 双堡堂组;Pt_1B.. 北山岩群;$P_2\pi\eta\gamma\beta$.中二叠世肉红色中粗粒似斑状黑云二长花岗岩;$P_3\gamma\delta o$. 晚二叠世灰白色中粗粒英云闪长岩;$Pt_2\nu$. 黑绿色纤闪石化辉长岩

第三节　矿产预测

一、综合地质信息定位预测

1. 变量提取及优选

根据典型矿床成矿要素及预测要素，选择地质体单元法作为预测单元。选取以下变量：

(1)地质体：提取新元古代辉长岩，并进行揭盖。

(2)断层：提取与成矿有关的北西向断层及航磁推断断层，并做500m(图面为2mm)缓冲区。

(3)重力：提取剩余重力异常，且为重力正异常，重力异常值最低值在$-185\times10^{-5}m/s^2$左右；根据布格重力资料推断，区内仅有一个隐伏基性岩体。

(4)化探：提取镍单元素异常，提取整个区文件。

(5)已知矿床：区内仅有亚干镍矿床(中型)，并对其进行缓冲区处理。

在MRAS软件中，对揭盖后的地质体、矿点、断层、重力资料推断隐伏基性岩体及镍单元素异常区等求区的存在标志，对剩余重力求起始值的加权平均值，并进行以上原始变量的构置，对地质单元进行赋值，形成原始数据专题。

2. 最小预测区圈定及优选

由于预测工作区内仅有一个已知矿点，因此采用少预测模型工程进行定位预测及分级。在MRAS软件中采用神经网络的Kohonen网进行评价，叠加所有成矿要素及预测要素，根据各要素边界圈定最小预测区(图5-7、图5-8)。

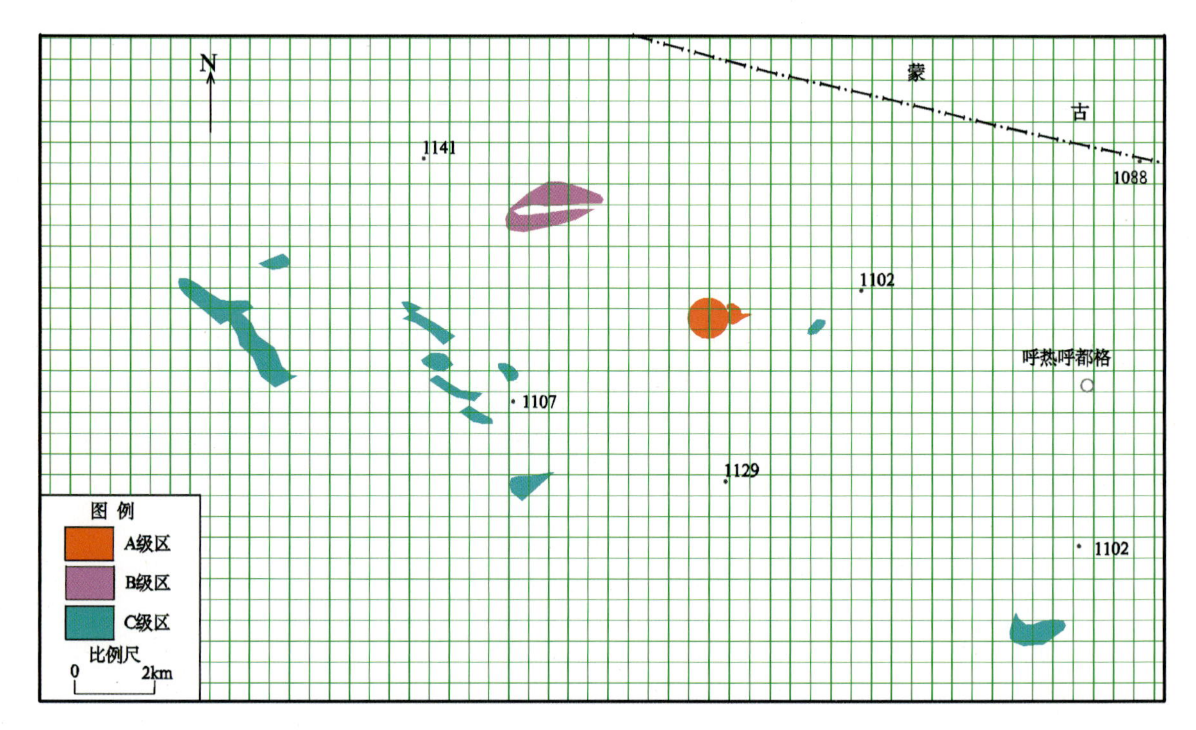

图5-7　亚干预测工作区网格单元图

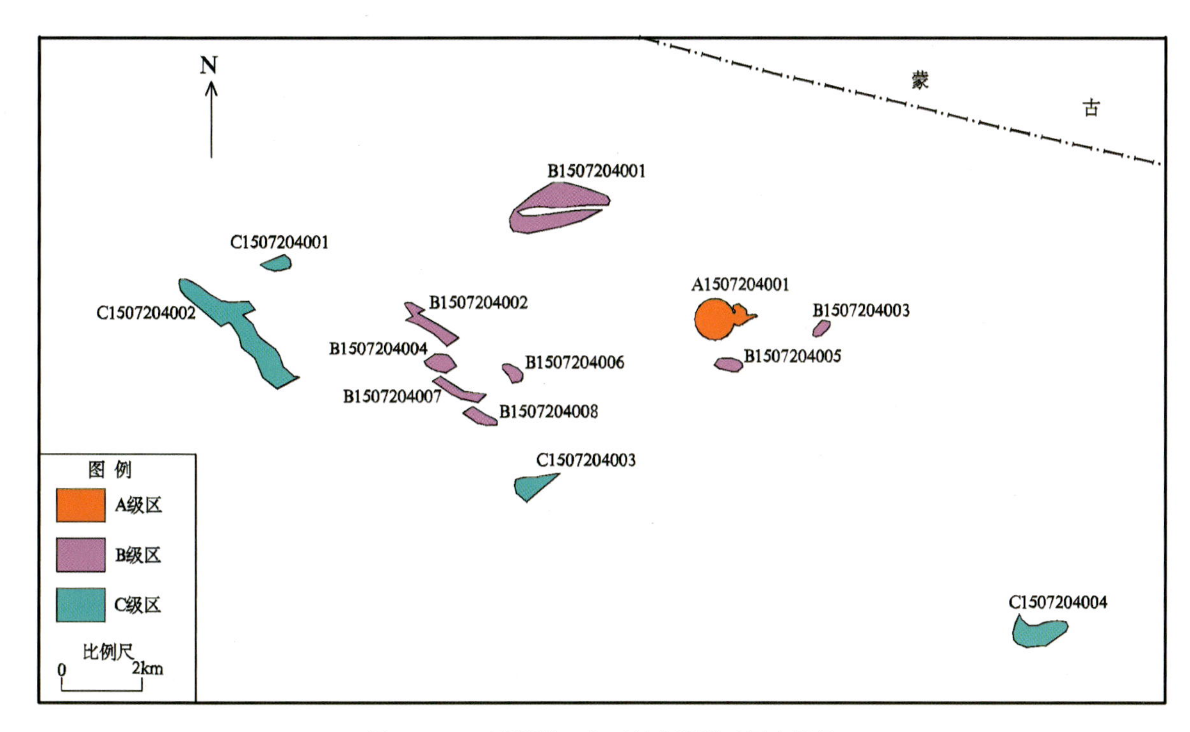

图 5-8　亚干预测工作区最小预测区圈定结果

根据已知矿床(矿点)所在地区的剩余重力值对原始数据专题中的剩余重力起始值的加权平均值进行二值化处理,形成定位数据转换专题。进行定位预测变量选取,形成定位预测专题,形成预测单元图。

3. 最小预测区圈定结果

亚干预测工作区预测底图精度为 1∶10 万,并根据成矿有利度[含矿层位、矿(化)点]、找矿线索及物探、化探异常、地理交通、开发条件和其他相关条件,将工作区内最小预测区级别分为 A、B、C 三个等级,其中 A 级最小预测区 1 个、B 级最小预测区 8 个、C 级最小预测区 4 个。

4. 最小预测区地质评价

依据预测工作区内地质综合信息等对每个最小预测区进行综合评价(表 5-3)。

表 5-3　亚干侵入岩体型镍矿预测工作区最小预测区成矿条件及找矿潜力一览表

序号	最小预测区编号	最小预测区名称	最小预测区成矿条件及找矿潜力
1	A1507204001	亚干	该区出露北山岩群变质岩,岩浆岩为辉长岩。断裂主要以北东向和近北西向为主。区内有亚干镍矿一处。该区内有明显的重力异常及重力异常推断的隐伏基性岩体,在亚干镍矿北侧有镍化探异常。该最小预测区为 A 级区。成矿条件有利,找矿潜力大
2	B1507204001	傲干奥日布格北东 1141 高地东南	该区出露北山岩群变质岩,岩浆岩为新元古代辉长岩。断裂主要以北东向和近北西向为主。有明显的重力异常及重力异常推断的隐伏基性岩体,有镍化探异常。该最小预测区为 B 级区。成矿条件较有利,有找矿潜力

续表 5-3

序号	最小预测区编号	最小预测区名称	最小预测区成矿条件及找矿潜力
3	B1507204002	傲干奥日布格北西1141高地南	该区出露北山岩群变质岩，岩浆岩为新元古代辉长岩。断裂主要以北东向和近北西向为主。重力异常不明显，但有重力异常推断的隐伏基性岩体。该最小预测区为B级区。成矿条件较有利，有找矿潜力
4	B1507204003	呼热呼都格西1102高地南	该区出露北山岩群变质岩，岩浆岩为新元古代辉长岩。断裂主要以北东向和近北西向为主。有明显的重力异常及重力异常推断的隐伏基性岩体。该最小预测区为B级区。成矿条件较有利，有找矿潜力
5	B1507204004	傲干奥日布格北东1107高地北西	该区出露北山岩群变质岩，岩浆岩为新元古代辉长岩。断裂主要以北东向和近北西向为主。重力异常不明显，但有重力异常推断的隐伏基性岩体。该最小预测区为B级区。成矿条件较有利，有找矿潜力
6	B1507204005	呼热呼都格西	该区出露北山岩群变质岩，岩浆岩为新元古代辉长岩。断裂主要以北东向和近北西向为主。有明显的重力异常及重力异常推断的隐伏基性岩体。该最小预测区为B级区。成矿条件较有利，有找矿潜力
7	B1507204006	傲干奥日布格北东1107高地北	该区出露北山岩群变质岩，岩浆岩为新元古代辉长岩。断裂主要以北东向和近北西向为主。重力异常不明显，但有重力异常推断的隐伏基性岩体。该最小预测区为B级区。成矿条件较有利，有找矿潜力
8	B1507204007	傲干奥日布格北东1107高地西	
9	B1507204008	傲干奥日布格北东1107高地西南	
10	C1507204001	傲干奥日布格北东1141高地西南	该区出露北山岩群变质岩，岩浆岩为新元古代辉长岩。断裂主要以北东向和近北西向为主。重力异常不明显。该最小预测区为C级区。成矿条件较一般，找矿潜力差
11	C1507204002	傲干奥日布格东	
12	C1507204003	傲干奥日布格北东1107高地南	
13	C1507204004	呼热呼都格南	

二、综合信息地质体积法估算资源量

1. 典型矿床深部及外围资源量估算

查明资源储量、延深等数据来源于《内蒙古自治区阿拉善左旗恩得尔台苏海—亚干一带铜金锰多金属预查续作评估报告》（宁夏回族自治区矿产地质调查院，2010）。矿床面积（$S_{典}$）为该矿点含矿地质体的面积，在MapGIS软件下读取数据，然后依据比例尺计算出实际平面积。矿体延深依据该矿点勘查线剖面图（图5-9）。体积含矿率＝查明资源储量/（面积×延深）＝106 800t/（303 042.87m^2×220m）＝0.001 60t/m^3。典型矿床深部及外围资源量估算结果见表5-4。

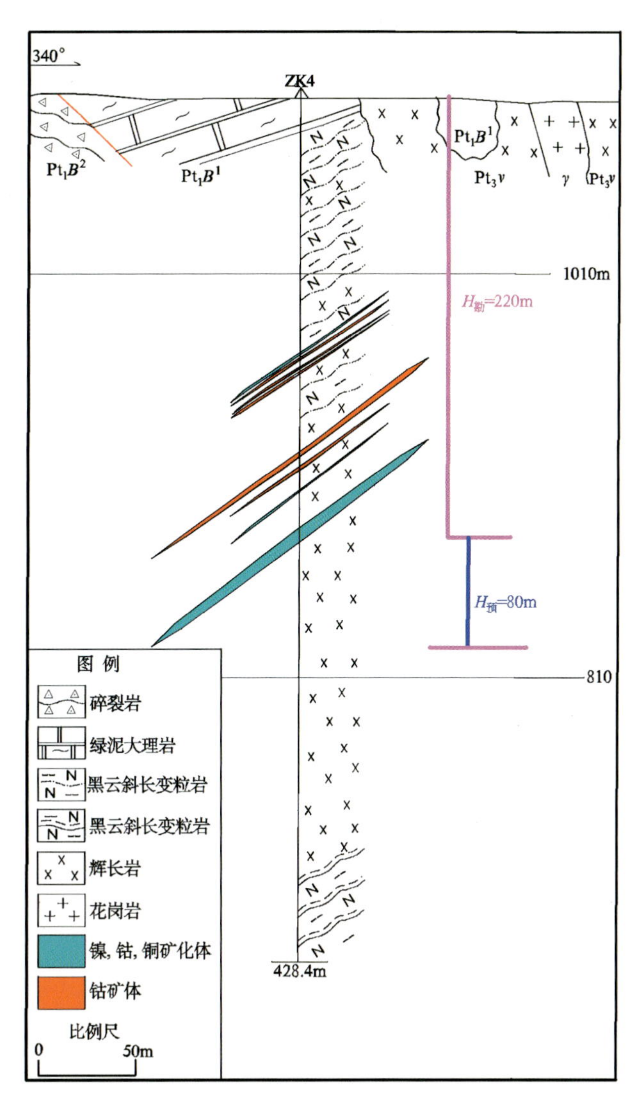

图 5－9　亚干铜镍矿区 KP4 勘查线剖面图

Pt_1B^2. 古元古界北山群上岩组；Pt_1B^1. 古元古界北山群下岩组；$Pt_3\nu$. 新元古代暗灰绿色中粗粒辉长岩；γ. 花岗岩；$H_{勘}$. 典型矿床勘查深度；$H_{预}$. 典型矿床预测深度

表 5－4　亚干镍矿典型矿床深部及外围资源量估算一览表

典型矿床(103°36′35″,41°47′25″)		深部及外围		
已查明资源量(金属量:t)	106 800	深部	面积(m^2)	303 042.87
面积(m^2)	303 042.87		深度(m)	80
深度(m)	220	外围	面积(m^2)	/
品位(%)	/		深度(m)	/
密度(t/m^3)	/	预测资源量(金属量:t)		38 789.49
体积含矿率(t/m^3)	0.001 60	典型矿床资源总量(金属量:t)		145 589.49

2. 模型区的确定、资源量及估算参数

由于模型区内只有亚干镍矿 1 个已知矿床,因此,该模型区资源总量等于典型矿床资源总量(145 589.49t)。模型区含矿地质体延深与典型矿床一致。含矿地质体含矿系数=资源总量/含矿地质体总体积=0.000 52t/m^3(表 5-5)。

表 5-5　亚干式侵入岩体型镍矿模型区预测资源量及其估算参数表

编号	名称	模型区总资源量(金属量,t)	模型区面积(m^2)	延深(m)	含矿地质体面积(m^2)	含矿地质体面积参数	含矿地质体含矿系数(t/m^3)
A1507204001	亚干	145 589.49	933 267	300	933 267	1	0.000 52

3. 最小预测区预测资源量

资源量定量估算采用地质体积法进行。

(1)估算参数的确定。最小预测区面积根据 MRAS 所形成的预测工作区与含矿地质体、已知矿床(点)及物探、化探异常范围进行圈定。相似系数主要依据最小预测区内含矿地质体本身出露的大小,地质构造发育程度不同,物探、化探异常及矿(化)点的多少等因素由专家确定。延深是在研究最小预测区含矿地质体地质特征、岩体的形成深度、矿化蚀变、矿化类型的基础上,与典型矿床对比,根据含矿地质体地表出露面积大小来综合确定的。

(2)最小预测区预测资源量估算结果。本次预测资源总量为 161 895.00t,不包括已查明资源量 106 800.00t,各最小预测区的预测资源量见表 5-6。

表 5-6　亚干式侵入岩体型镍矿亚干预测工作区最小预测区估算成果表

最小预测区编号	最小预测区名称	$S_{预}$(km^2)	$H_{预}$(m)	Ks	K(t/m^3)	α	$Z_{预}$(t)	精度
A1507204001	亚干	933 267	80	1	0.000 52	1	38 789.49	334-1
B1507204001	傲干奥日布格北东 1141 高地东南	1615 308	250	1	0.000 52	0.3	62 997.01	334-3
B1507204002	傲干奥日布格北西 1141 高地南	389 463	200	1	0.000 52	0.3	12 151.25	334-3
B1507204003	呼热呼都格西 1102 高地南	101 916	90	1	0.000 52	0.2	953.93	334-3
B1507204004	傲干奥日布格北东 1107 高地北西	236 783	90	1	0.000 52	0.3	3 324.43	334-3
B1507204005	呼热呼都格西	169 071	90	1	0.000 52	0.2	1 582.50	334-3
B1507204006	傲干奥日布格北东 1107 高地北	140 138	90	1	0.000 52	0.2	1 311.69	334-3
B1507204007	傲干奥日布格北东 1107 高地西	259 481	90	1	0.000 52	0.3	3 643.11	334-3
B1507204008	傲干奥日布格北东 1107 高地西南	186 548	90	1	0.000 52	0.2	1 746.09	334-3
C1507204001	傲干奥日布格北东 1141 高地西南	178 632	90	1	0.000 52	0.1	836.00	334-3
C1507204002	傲干奥日布格东	1 836 438	250	1	0.000 52	0.1	23 873.69	334-3
C1507204003	傲干奥日布格北东 1107 高地南	370 246	200	1	0.000 52	0.1	3 850.56	334-3
C1507204004	呼热呼都格南	657 236	200	1	0.000 52	0.1	6 835.25	334-3

4. 预测工作区资源总量成果汇总

按预测工作区级别划分为A级、B级、C级；按精度分为334－1、334－2、334－3三种；按矿产预测类型统计，全为侵入岩体型。预测深度均在500m以浅，按可利用性类别、可信度统计见表5－7。

表5－7　亚干式侵入岩体型镍矿亚干预测工作区资源量估算汇总表

（单位：t）

<table>
<tr><th rowspan="2">深度</th><th rowspan="2">精度</th><th colspan="2">可利用性</th><th colspan="3">可信度</th><th rowspan="2" colspan="2">预测级别</th></tr>
<tr><th>可利用</th><th>暂不可利用</th><th>≥0.75</th><th>≥0.5</th><th>≥0.25</th></tr>
<tr><td rowspan="3">500m以浅</td><td>334－1</td><td>38 789</td><td>/</td><td>38 789</td><td>38 789</td><td>38 789</td><td>A级</td><td>38 789</td></tr>
<tr><td>334－2</td><td>/</td><td>/</td><td>/</td><td>/</td><td>/</td><td>B级</td><td>87 710</td></tr>
<tr><td>334－3</td><td>/</td><td>123 106</td><td>/</td><td>2536</td><td>123 106</td><td>C级</td><td>35 396</td></tr>
</table>

第六章　哈拉图庙式侵入岩体型镍矿预测成果

第一节　典型矿床特征

一、典型矿床及成矿模式

（一）典型矿床特征

哈拉图庙镍矿区紧临中蒙国境线，南西距二连浩特市28km（直距），北东距苏尼特左旗满都拉土镇135km（直距）。区内地势平坦，有简易公路可通行汽车，并与208国道及集（宁）—二（连）铁路线连接，南西距G208国道28km（直距），距二连浩特市火车站26km（直距），交通十分方便。

1. 矿区特征

1）地层

矿区大面积出露宝音图岩群（图6-1），部分为第四系湖积和风成砂土。

泥鳅河组一段走向北东，倾向北西向，倾角38°～63°。下部岩性以灰色二云石英片岩为主，在矿区出露范围很小，厚度小于20m；上部为本区主要赋矿层位，岩性为深灰色绢云石英片岩、灰色黑云石英片岩夹灰色二云石英片岩，厚度50～100m。

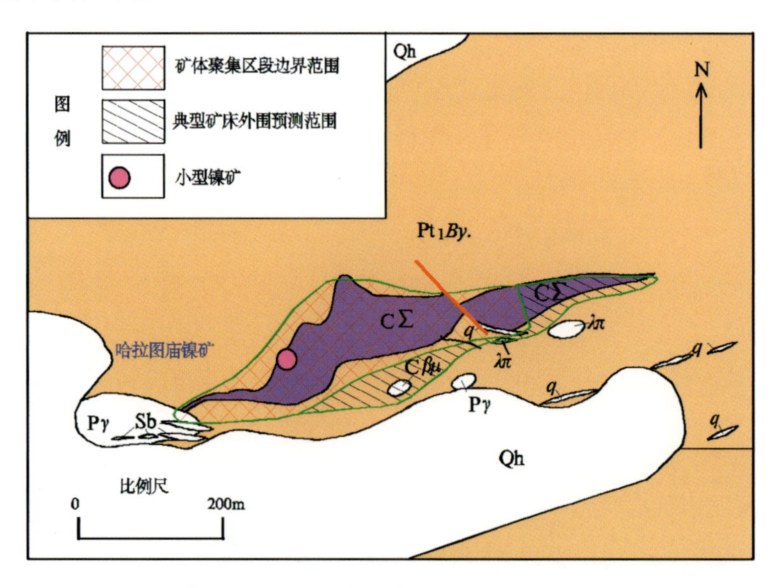

图6-1　哈拉图庙镍矿地质略图

Qh. 第四系全新统；Pt_1By.. 宝音图岩群；Sb. 构造角砾岩；Pγ. 二叠纪灰白色白云母花岗岩；$C\beta\mu$. 石炭纪暗绿色辉绿岩；CΣ. 石炭纪超基性岩；q. 石英脉；λπ. 石英斑岩

2)岩浆岩

矿区主要出露超基性岩(CΣ)、辉绿岩(C$\beta\mu$),二叠纪白云母花岗岩(Pγ),呈岩株产出。另见石英斑岩($\lambda\pi$)、石英脉(q)等岩脉。

地表仅见辉长岩、辉绿岩、蛇纹岩,沿裂隙侵入于泥鳅河组一段上部,沿北东东向呈带状展布的脉状侵入体,倾向北西向,倾角约30°~70°,厚度大于70m,为含Cu、Co、Ni的母岩。深部钻孔见蛇纹石化橄榄岩。

该岩体在矿区范围内呈向南凸出的弧型,总体走向北东东向,倾向北西向,地表形态不规则,岩体的北界线向深部延深的倾角由陡变缓,岩体的南界线则由缓变陡,岩体形态呈上窄下宽,向深部延深有膨大变厚的趋势。

辉绿岩(C$\beta\mu$)仅出露于矿区的北部,岩石呈灰黑色,辉绿结构,块状构造。

白云母花岗岩(Pγ)呈小岩株出露于矿区西南及中部。岩石呈灰白色,具中—细粒花岗结构,块状或角砾状构造。主要矿物成分为石英、奥长石、条纹长石及少量白云母。

3)构造

矿区构造不发育,含矿母岩(基性—超基性岩体)呈带状沿哈拉图庙背斜北翼裂隙侵入泥鳅河组一段。岩体的展布方向基本与地层一致。在矿区中部仅见1条走向北西的平推断层,断层破坏了矿(化)体的连续性。

2. 矿床特征

哈拉图庙镍矿赋存于泥鳅河组一段的上部云母石英片岩与海西中期基性—超基性岩体的内接触带上。地表矿体多以蛇纹岩型和褐铁矿化角砾岩型矿石产出,深部则过渡为橄榄岩型矿石。共圈定镍矿体5个,其中①号镍矿体规模较大,其余矿体因规模小,厚度薄,不具开采价值。

①号镍矿体含矿岩石地表一般为辉长岩、辉绿岩、蛇纹岩,深部为蛇纹石化橄榄岩、蛇纹岩等;近矿围岩及夹石基本同含矿岩石。矿体赋矿标高948~1102m。推测矿体长348m,矿体呈不太规则的脉状,矿体产状与岩体产状基本一致。走向70°,倾向340°,倾角62°~58°。厚度0.71~23.83m,倾斜延深66~197.5m,垂深50~150m。

矿体平均品位:氧化镍矿 Ni 1.56%、Cu 0.21%、Co 0.031%;硫化镍矿 Ni 1.27%、Cu 0.23%、Co 0.013%。

3. 矿石特征

矿石中金属矿物占29.7%左右,主要矿物为磁黄铁矿、黄铁矿,占12.5%;次要矿物为紫硫镍矿、镍黄铁矿,占8.4%,磁铁矿、褐铁矿,约占5.1%;少量矿物为黄铜矿、方黄铜矿、斑铜矿,占3.6%;微量矿物为孔雀石、闪锌矿、自然铜等,含量约0.1%。

矿石中脉石矿物占62.8%,主要矿物为基性斜长石、石英,约占55%;次要矿物为橄榄石、蛇纹石、方解石、黑云母等,约占5%;少量矿物为透辉石、透闪石、石榴石、沸石,约占2.8%;碳酸盐类矿物占7.5%。

4. 矿石结构构造

矿石结构为显微他形粒状结构、隐晶结构、交代结构、显微鳞片变晶结构、纤柱状变晶结构、碎裂结构、半自形—他形晶粒状结构。矿石构造,地表为角砾状构造、蜂窝状构造、胶状—皮壳状构造;深部为细脉浸染状构造、稀疏浸染状构造、块状构造。

5. 矿石自然类型

根据矿石的矿物共生组合、结构、构造特征,划分为岩体型镍矿石和片岩型镍矿石两大类型。

与基性—超基性岩体侵入有关的岩体型镍矿石是本矿床的主要矿石类型，按岩性不同又分为褐铁矿化角砾岩型镍矿石、辉长辉绿岩-蛇纹岩型镍矿石及滑石(片)岩-透闪(片)岩型镍矿石三个亚类。①褐铁矿化角砾岩型矿石：赤红色-铁褐色，呈隐晶质结构-显微他形粒状结构，块状构造、胶状构造、蜂窝状构造。金属矿物主要为褐铁矿、孔雀石，少量为赤铁矿，其含量占97%以上，脉石矿物为方解石，该矿石分布于地表氧化带。②辉长辉绿岩-蛇纹岩型矿石：呈暗色，交代结构，显微鳞片结构，块状构造。金属矿物为褐铁矿、黄铁矿、磁铁矿、钛铁矿、铬铁矿等，脉石矿物为叶蛇纹石、假象辉石和方解石等。③滑石(片)岩-透闪(片)岩型矿石：灰白色、纤柱状变晶结构，块状构造，金属矿物为褐铁矿，脉石矿物为透闪石、透辉石、蛇纹石、滑石等。

云母石英片岩型镍矿石(简称片岩型镍矿石)，呈灰黑色，显微鳞片花岗变晶结构，片状构造。金属矿物为褐铁矿、黄铁矿，脉石矿物为黑云母、白云母、石英、钠长石、绿泥石、绿帘石及石榴石等。

哈拉图庙镍矿矿体产状与围岩产状基本一致，矿体与围岩呈渐变过渡关系，地表氧化矿界线仅靠肉眼很难确定，只能依靠化学分析结果按工业指标来划分确定，深部硫化矿矿体与围岩界线较清楚。夹石多分布在地表氧化矿中，夹石有辉长岩、透闪(片)岩及蛇纹岩等。围岩的岩性为透闪(片)岩、辉长岩、蛇纹岩等，地表氧化矿近矿围岩镍品位一般为0.50%～0.67%，较矿体边界品位稍低一些，深部硫化矿近矿围岩镍品位一般为0.03%～0.10%。

6. 矿床成因及成矿时代

哈拉图庙铜钴镍矿属与构造及超镁铁质岩体侵入有关的矿床。成因类型属岩浆熔离-热液交代型矿床，经历了从高温岩浆结晶熔离直到中低温热液成矿阶段的长期发展过程。成矿时代为泥盆纪。

(二)矿床成矿模式

矿床的形成过程划分为三个阶段。

岩浆熔离阶段：含金属硫化物的基性—超基性岩浆沿东西向构造侵位后，随温度下降铁镁矿物开始结晶，硅钙铝组分相对增加，金属硫化物从硅酸盐熔浆中熔离出来(如磁铁矿)。此时岩浆中金属硫化物不太丰富，分异不佳，熔离作用较差，大部分金属硫化物仍分散于整个岩浆中，岩体底部尚未熔离成矿(图6-2)。

热液交代成矿阶段，在熔离作用的基础上，含矿热液以构造带为通道多次上升，对两侧的岩石发生较强烈的交代，在近地表的岩体和围岩内形成了岩体型和片岩型工业矿体。

表生氧化阶段，常出现褐铁矿与孔雀石组合，局部见赤铁矿。

二、典型矿床物探特征

哈拉图庙镍矿位于东西向重力高异常带的边缘，等值线密集，Δg 为$(-119.97\sim-117.09)\times10^{-5}$ m/s^2。航磁为正异常，推断与断裂有关。镍矿床南侧局部布格重力高异常，对应剩余重力图中表现为多个正异常中心，该区域出露大面积石炭系，认为与古生界隆起有关。镍矿床东南部为剩余重力正异常区，航磁图上表现为磁正异常，认为此处有超基性岩体存在。

1∶25万航磁图上矿区处在场值360nT左右的正磁异常背景上，等值线沿东西向延伸。1∶10万航磁图上矿区处在场值80nT左右的平稳正磁异常上。磁异常走向为东西向。据重磁场特征推测矿区处在东西向断裂上。

三、典型矿床地球化学特征

与预测工作区相比较，哈拉图庙式镍矿周围存在Cr、Fe_2O_3、Co、Ni等元素(化合物)组成的高背景

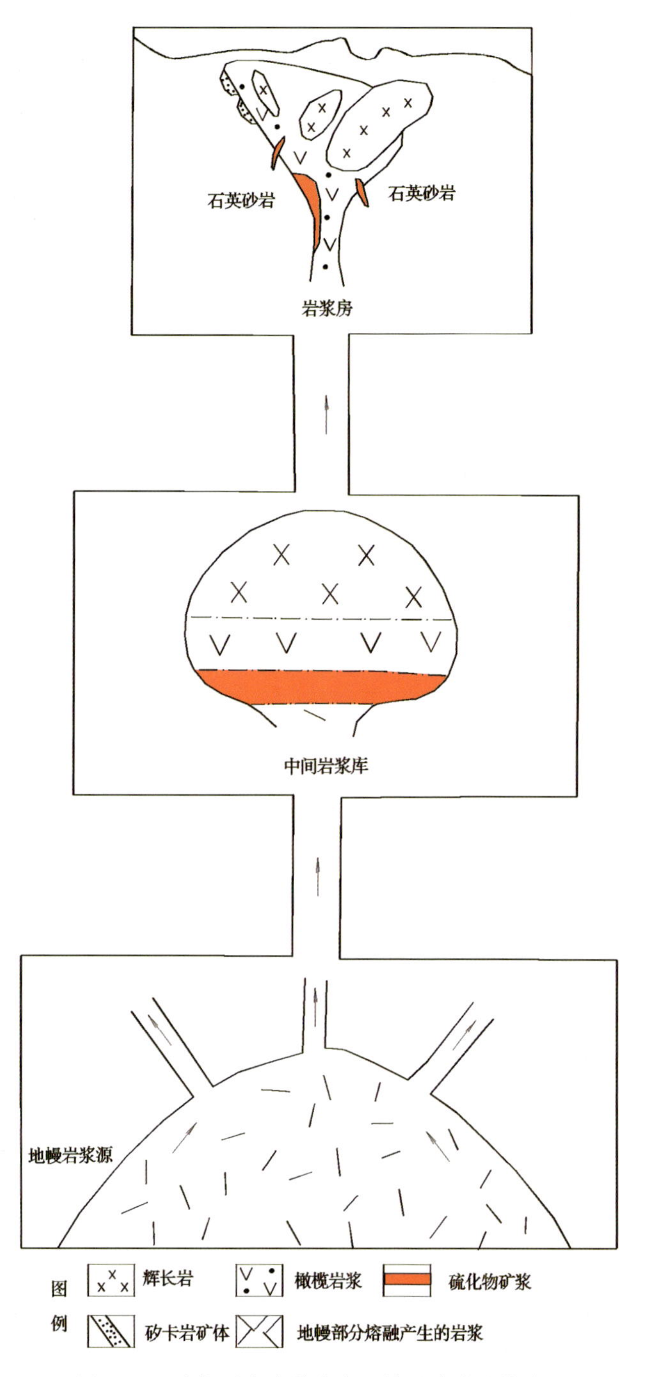

图 6-2　哈拉图庙岩浆熔离型镍矿床成矿模式图

区，Ni为主成矿元素，Ni、Cr为内带组合异常，具有明显的浓度分带和浓集中心，异常套合较好；Fe_2O_3、Mn为外带组合异常，在矿区外围具有明显的浓度分带和浓集中心。

四、典型矿床遥感特征

本区最主要的构造形迹以断裂为主，紧密线状褶皱次之，主构造线方向呈近东西向。北西向断层错断了近东西向断层。

五、典型矿床预测模型

根据典型矿床成矿要素和航磁、区域重力、化探等资料，建立典型矿床预测要素（表 6－1），编制了典型矿床预测要素图。航磁、重力已叠加在地质图上，化探资料由于只有 1∶20 万比例尺的资料，所以只用矿床所在地区的系列图作为角图表示（图 6－3、图 6－4）。

表 6－1　哈拉图庙镍矿典型矿床预测要素表

<table>
<tr><td colspan="2">预测要素</td><td colspan="3">内容描述</td><td rowspan="3">要素类别</td></tr>
<tr><td colspan="2">储量</td><td>镍金属量 6 020.61t</td><td>平均品位</td><td>1.30%</td></tr>
<tr><td colspan="2">特征描述</td><td colspan="3">岩浆熔离型镍矿</td></tr>
<tr><td rowspan="3">地质环境</td><td>构造背景</td><td colspan="3">Ⅰ天山-兴蒙造山系；Ⅰ-1 大兴安岭弧盆系；Ⅰ-Ⅰ-5 二连-贺根山蛇绿混杂岩带（Pz_2）</td><td>重要</td></tr>
<tr><td>地质环境</td><td colspan="3">矿区大面积出露泥鳅河组第一岩段，部分为第四系湖积和风成砂土。侵入岩为基性—超基性岩、辉绿岩；二叠纪白云母花岗岩，呈岩株产出。另见石英斑岩（$\lambda\pi$）、石英脉（q）等岩脉。含矿母岩为基性—超基性岩体。矿区构造不发育，在矿区中部仅见有一走向北西的平推断层</td><td>重要</td></tr>
<tr><td>成矿时代</td><td colspan="3">泥盆纪</td><td>重要</td></tr>
<tr><td rowspan="7">矿床特征</td><td>矿体形态</td><td colspan="3">矿体脉状或大透镜状</td><td>次要</td></tr>
<tr><td>岩石类型</td><td colspan="3">基性—超基性岩体</td><td>必要</td></tr>
<tr><td>岩石结构</td><td colspan="3">鳞片花岗变晶结构、辉绿结构</td><td>次要</td></tr>
<tr><td>矿物组合</td><td colspan="3">主要矿物为磁黄铁矿、黄铁矿，占 12.5%；
次要矿物为紫硫镍矿、镍黄铁矿，占 8.4%，磁铁矿、褐铁矿，约占 5.1%；
少量矿物为黄铜矿、方黄铜矿、斑铜矿，占 3.6%；
微量矿物为孔雀石、闪锌矿、自然铜等，含量约 0.1%</td><td>次要</td></tr>
<tr><td>结构构造</td><td colspan="3">结构：显微他形粒状结构、隐晶结构、交代结构、显微鳞片变晶结构、纤柱状变晶结构、碎裂结构、半自形—他形晶粒状结构。
构造：地表为角砾状构造、蜂窝状构造、胶状—皮壳状构造；深部为细脉浸染状构造、稀疏浸染状构造、块状构造</td><td>次要</td></tr>
<tr><td>蚀变特征</td><td colspan="3">蛇纹石化、绿泥石化、透闪石化、碳酸盐化、硅化</td><td>次要</td></tr>
<tr><td>控矿条件</td><td colspan="3">基性—超基性岩体控制矿体的分布</td><td>必要</td></tr>
<tr><td rowspan="2">地球物理特征</td><td>重力</td><td colspan="3">矿床位于布格重力梯级带上，磁异常为正，推断与断裂有关；剩余重力异常图位于条带状正异常外围</td><td>重要</td></tr>
<tr><td>磁法</td><td colspan="3">矿床位于预测工作区东北部 300nT 等值线附近的磁异常上</td><td>重要</td></tr>
<tr><td colspan="2">地球化学特征</td><td colspan="3">哈拉图庙式侵入岩体型镍矿矿区周围存在 Cr、Fe_2O_3、Co、Ni 等元素及化合物组成的高背景区，Ni 为主成矿元素，Ni、Cr 为内带组合异常，具有明显的浓度分带和浓集中心，浓集中心强度较高，异常套合较好</td><td>重要</td></tr>
</table>

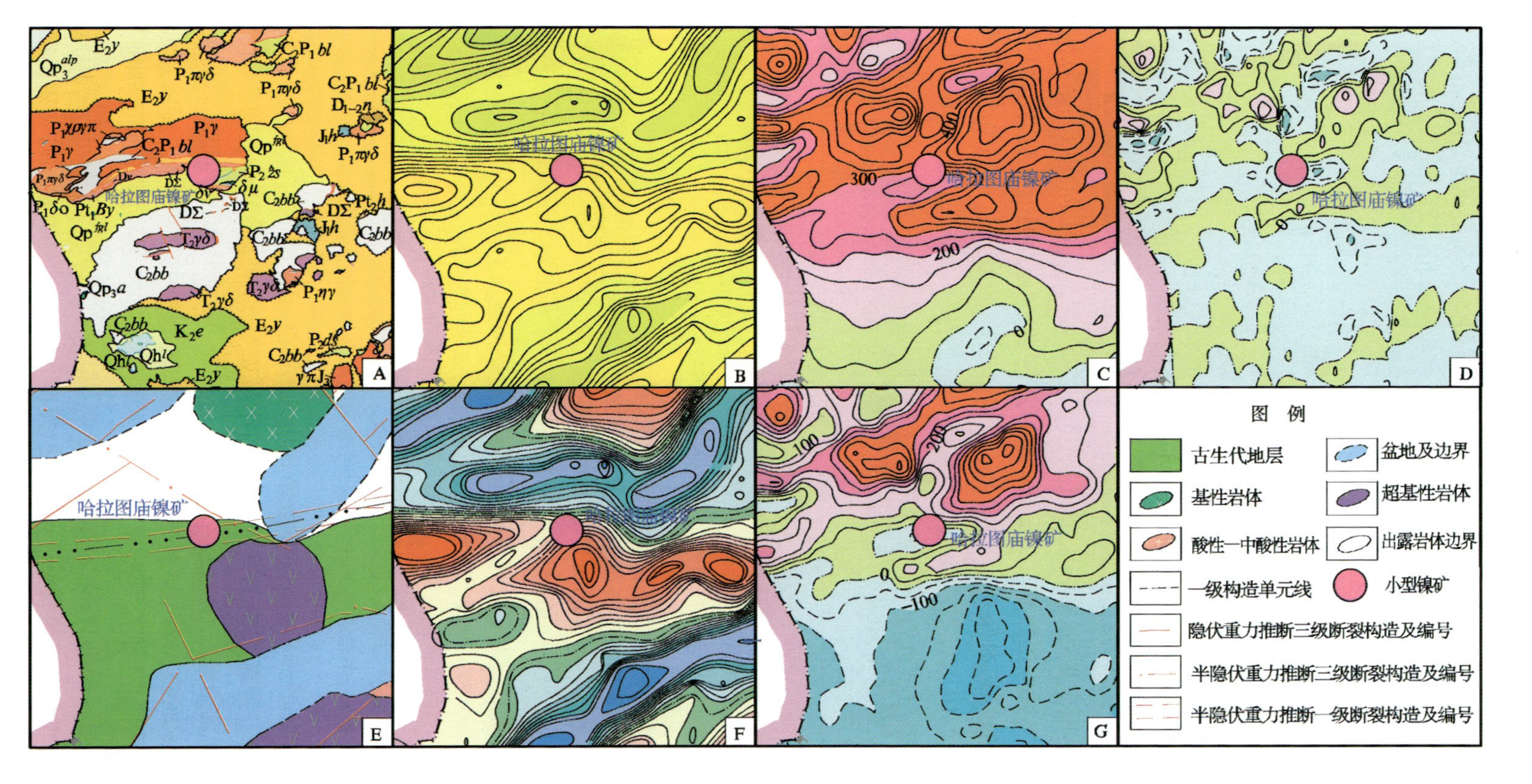

图 6-3　哈拉图庙镍矿典型矿床所在区域地质矿产及物探剖析图

A. 地质矿产图；B. 布格重力异常图；C. 航磁 ΔT 等值线平面图；D. 航磁 ΔT 化极垂向一阶导数等值线平面图；E. 重力推断地质构造图；F. 剩余重力异常图；G. 航磁 ΔT 化极等值线平面图。A 图中：Qh^l. 第四系全新统湖积；Qp_3a. 阿巴嘎组；Qp_3^{alp}. 第四系上更新统冲洪积；Qp^{fgl}. 第四系更新统冰水沉积；E_2y. 伊尔丁曼哈组；K_2e. 二连组；J_1h. 红旗组；$P_2\hat{z}s$. 哲斯组；$P_2d\hat{s}$. 大石寨组；C_2P_1bl. 宝力高庙组；C_2bb. 本巴图组；$D_{1-2}n$. 泥鳅河组；Pt_1By.. 宝音图岩群；$J_3\gamma\pi$. 晚侏罗世花岗斑岩；$T_2\gamma\delta$. 中三叠世花岗闪长岩；$P_1\chi\rho\gamma\pi$. 早二叠世碱长花岗斑岩；$P_1\gamma$. 早二叠世花岗岩；$P_1\eta\gamma$. 早二叠世二长花岗岩；$P_1\pi\gamma\delta$. 早二叠世斑状花岗闪长岩；$P_1\delta o$. 早二叠世石英闪长岩；$D\nu$. 泥盆纪辉长岩；$D\Sigma$. 泥盆纪超基性岩；$\delta\mu$. 闪长玢岩；$\delta\nu$. 闪长辉长岩

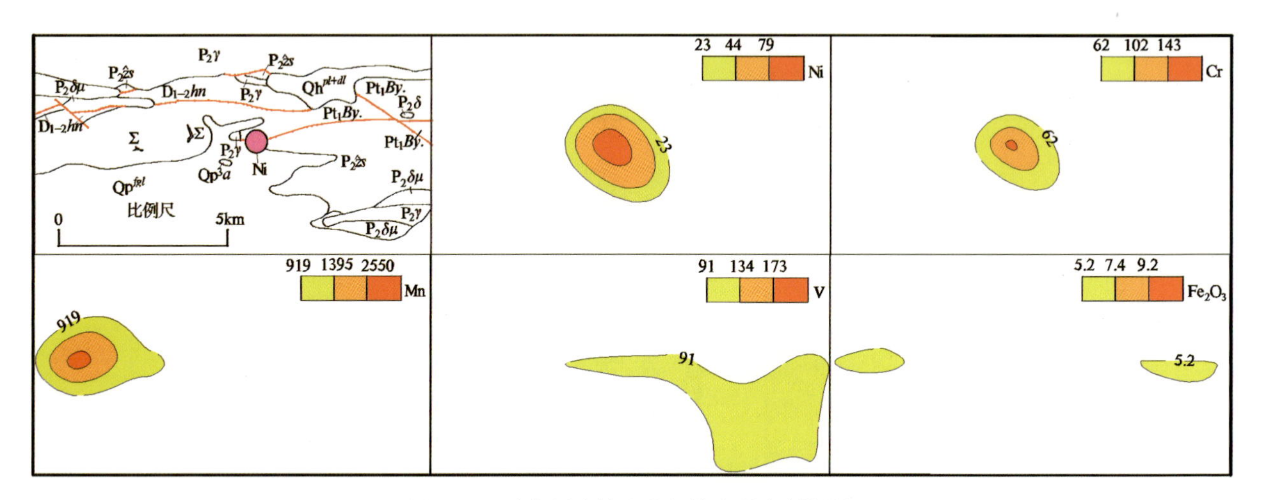

图 6-4　哈拉图庙镍矿化探综合异常剖析图

Qh^{pl+dl}. 第四系全新统冲积+坡积；Qp_3^a. 阿巴嘎组；Qp^{fgl}. 第四系更新统冰水沉积；$P_2\hat{z}s$. 哲斯组；$D_{1-2}hn$. 哈诺敖包组；Pt_1By..宝音图岩群；$P_2\gamma$. 中二叠世花岗岩；$P_2\delta\mu$. 中二叠世闪长玢岩；$P_2\delta$. 中二叠世闪长岩；Σ. 超基性岩；Ni. 哈拉图庙小型镍矿

第二节　预测工作区研究

预测工作区范围为：东经 111°45′00″—112°15′00″，北纬 43°50′00″—44°00′00″。比例尺为 1∶5 万。

一、区域地质特征

1. 成矿地质背景

区内出露地层主要为新近系宝格达乌拉组、古近系始新统伊尔丁曼哈组、二叠系哲斯组、二叠系—石炭系宝力高庙组、泥盆系泥鳅河组及古元古界宝音图岩群。主要构造线方向以东西向为主。

预测工作区岩浆岩较发育，主要为中生代及古生代的岩体，从基性岩到酸性岩均有出露。与镍矿床有关的侵入岩为俯冲带的 ssz 型蛇绿岩组合：地幔橄榄岩（$D\Sigma$）、角闪辉长岩（$D\delta\nu$、$D\nu$）、辉长辉绿岩（$D\nu$、$D\beta\mu$）。它们是成矿母岩。超基性岩已完全蚀变，地表蚀变为透闪石片岩、蛇纹岩，地下为蛇纹岩。控矿围岩为宝音图岩群，含矿超基性岩及矿液沿片理贯入。分布于莎达格庙—查干得尔斯一带的超基性岩组合为蛇纹石化辉橄岩、单辉橄榄岩、斜辉橄榄岩、辉石橄榄岩、辉石蛇纹岩、透闪蛇纹岩、阳起石岩。

2. 区域成矿模式

泥盆纪富含金属硫化物的镁铁—超镁铁质岩浆沿深大断裂上侵，贯入至古元古界宝音图岩群，形成规模不等的基性—超基性杂岩体。接触交代作用使铜镍钴等在岩体内接触带附近形成富矿体（图 6-5）。后经构造运动地壳抬升，矿体逐渐暴露于地表。

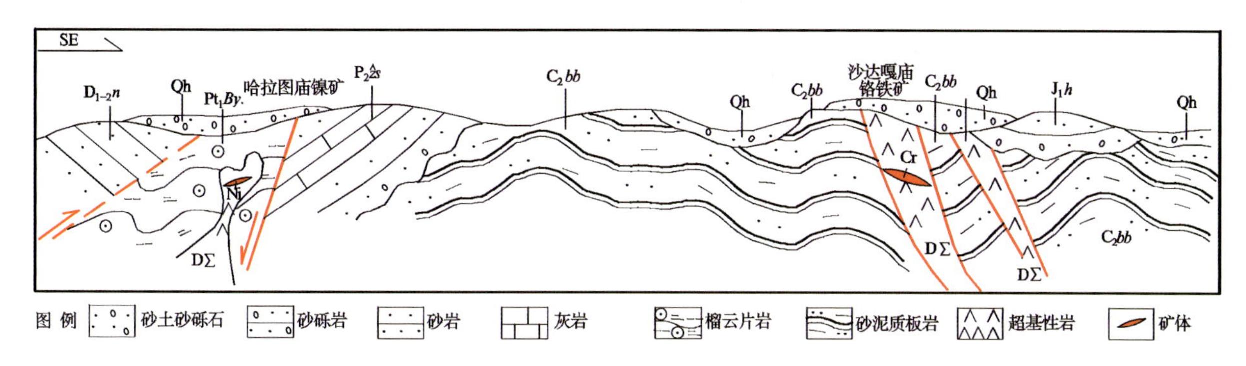

图 6-5 二连浩特北部预测工作区镍矿床成矿模式图

Qh. 第四系全新统；J_1h. 红旗组；$P_2\hat{z}s$. 哲斯组；C_2bb. 本巴图组；$D_{1-2}n$. 泥鳅河组；Pt_1By.. 宝音图岩群；DΣ. 泥盆纪超基性岩；Cr、Ni. 铬镍矿体

二、区域地球物理物征

（一）重力

预测工作区中部为近东西向重力高值区，南北边部则表现为相对重力低。区域重力场场值变化范围较小，最高值 $\Delta g_{max}=-116.75\times10^{-5}m/s^2$，最低值 $\Delta g_{min}=-128.41\times10^{-5}m/s^2$。

剩余重力正负异常分布规律与布格重力场大致相同，中部有横贯全区的近东西走向剩余重力正异常（G 蒙-494），由两个异常中心组成，最高值 $-12.92\times10^{-5}m/s^2$，地表局部出露古生界及超基性岩体，所以推断剩余重力正异常为老地层及基性—超基性岩体所致。预测工作区北部的剩余重力负异常区，推断为新生代沉积盆地的表现。布格重力异常图上该区北部重力高值带北侧的重力梯度带，卫星影片上线性构造清晰明显，为二连-东乌珠穆沁旗断裂（F 蒙-02006）引起。

哈拉图庙镍矿处在剩余重力正负异常接触带上正异常一侧，在该预测工作区推断断裂构造 4 条、基性—超基性岩体 1 个、地层单元 1 个。

（二）航磁

在 1∶5 万航磁 ΔT 等值线平面图上预测工作区磁异常幅值范围为 0～600nT，整个预测工作区以 50～200nT 正磁场为背景，预测工作区磁异常变化平缓，形态以椭圆形及长条带状为主，预测工作区磁异常轴向及 ΔT 等值线延伸方向以北东向和东西向为主。哈拉图庙镍矿位于预测工作区东北部 300nT 等值线附近的磁异常上。

预测工作区磁法推断，断裂构造以北东东向为主，磁场标志多为不同磁场区分界线及磁异常梯度带。预测工作区磁异常推断均为侵入岩体引起。共推断断裂 6 条、中酸性岩体 6 个，与成矿有关的断裂 1 条，走向为东西向。

三、区域地球化学特征

区域上分布有 Cr、Fe_2O_3、Co、Ni、Mn、V、Ti 等元素及化合物组成的高背景区带，在高背景区带中有以 Cr、Fe_2O_3、Co、Ni、Mn、V 为主的多元素（化合物）局部异常。预测工作区内共有 4 处 Cr 异常、6 处 Co 异常、10 处 Fe_2O_3 异常、4 处 Mn 异常、3 处 Ni 异常、5 处 Ti 异常、5 处 V 异常。

预测工作区中部和南部 Ni、Cr 呈背景、高背景分布，具有明显的浓度分带和浓集中心，规模较大的

Ni、Cr 局部异常主要分布于哈拉图庙、巴润德尔斯乃布其等地区，浓集中心明显，异常强度高；北部 Ni、Cr 呈低背景分布，Co 在中部和南部多呈背景、高背景分布，北部呈背景、低背景分布。预测工作区 Fe_2O_3、Mn、Ti、V 多呈背景、高背景分布，Fe_2O_3、Ti、V 局部异常主要分布于中部和南部，具有明显的浓度分带和浓集中心；在哈尔推饶木地区存在 Mn 的局部异常，浓集中心明显，异常强度高。

预测工作区元素异常套合较好的编号为 Z-1、Z-2 和 Z-3，其中 Z-1 的异常元素(化合物)有 Ni、Cr，呈闭合环状分布，Ni 具有明显的浓度分带；Z-2 的异常元素(化合物)有 Ni、Fe_2O_3、Co、Mn，元素呈闭合环状分布，Fe_2O_3 的异常范围较小，元素异常套合较好。

四、区域遥感特征

预测工作区内解译出小型构造 40 余条，呈密集分布，走向分布不明显。解译出环形构造 2 处，为古生代花岗岩类引起。圈出 2 个最小预测区。

1 号最小预测区：若干小型构造通过该区内，有小片异常在区域内分布，镍矿矿点位于该区域内。

2 号最小预测区：二连浩特市构造 F_9 与二连浩特市构造 F_8 小型构造通过该区内。

五、区域预测模型

根据预测工作区区域成矿要素和化探、航磁、重力、遥感，建立了本预测工作区的区域预测要素(表 6-2)。预测要素图以综合信息预测要素为基础，把物探、遥感及化探等的线文件全部叠加在成矿要素图上。

预测模型图的编制，以地质剖面图为基础，叠加区域航磁、重力、化探剖面图而形成(图 6-6)。

表 6-2　哈拉图庙式侵入岩体型二连浩特北部镍矿预测工作区区域预测要素表

区域预测要素		描述内容	要素类别
地质环境	大地构造位置	Ⅰ天山-兴蒙造山系；Ⅰ-1 大兴安岭弧盆系；Ⅰ-1-5 二连-贺根山蛇绿混杂岩带(Pz_2)	重要
	成矿区(带)	Ⅰ-4 滨太平洋成矿域；Ⅱ-12 大兴安岭成矿省；Ⅲ-6 东乌珠穆沁旗-嫩江(中强挤压区)铜、钼、铅、锌、金、钨、锡、铬成矿带(Pt_3 Vm-l Ye-m)；Ⅲ-6-②朝不楞-博克图钨、铁、锌、铅成矿亚带(VY)	重要
	区域成矿类型及成矿期	岩浆熔离型镍矿，泥盆纪	重要
控矿地质条件	赋矿地质体及控矿侵入岩	基性—超基性岩体(辉长岩、辉绿岩、蛇纹岩等)	必要
	控矿构造	构造不发育	次要
区内相同类型矿产		已知小型矿床 1 处	重要
地球物理特征	重力	预测工作区布格重力场分为南北两部分，北部有一横贯预测工作区的近东西走向重力高，区域最高值 $\Delta g_{max}=-115.49\times10^{-5}\,m/s^2$，南部重力场则表现为相对重力低	重要
	磁法	在 1∶5 万航磁 ΔT 等值线平面图上预测工作区磁异常幅值范围为 0～600nT，预测工作区以 50～200nT 正磁场为背景，预测工作区磁异常变化平缓，形态以椭圆形及长条带状为主，磁异常轴向及 ΔT 等值线延伸方向以北东向和东西向为主。哈拉图庙镍矿位于预测工作区东北部 300nT 等值线附近的磁异常上	重要
地球化学特征		预测工作区中部和南部 Ni、Cr 呈背景、高背景分布，具有明显的浓度分带和浓集中心，异常强度高	重要

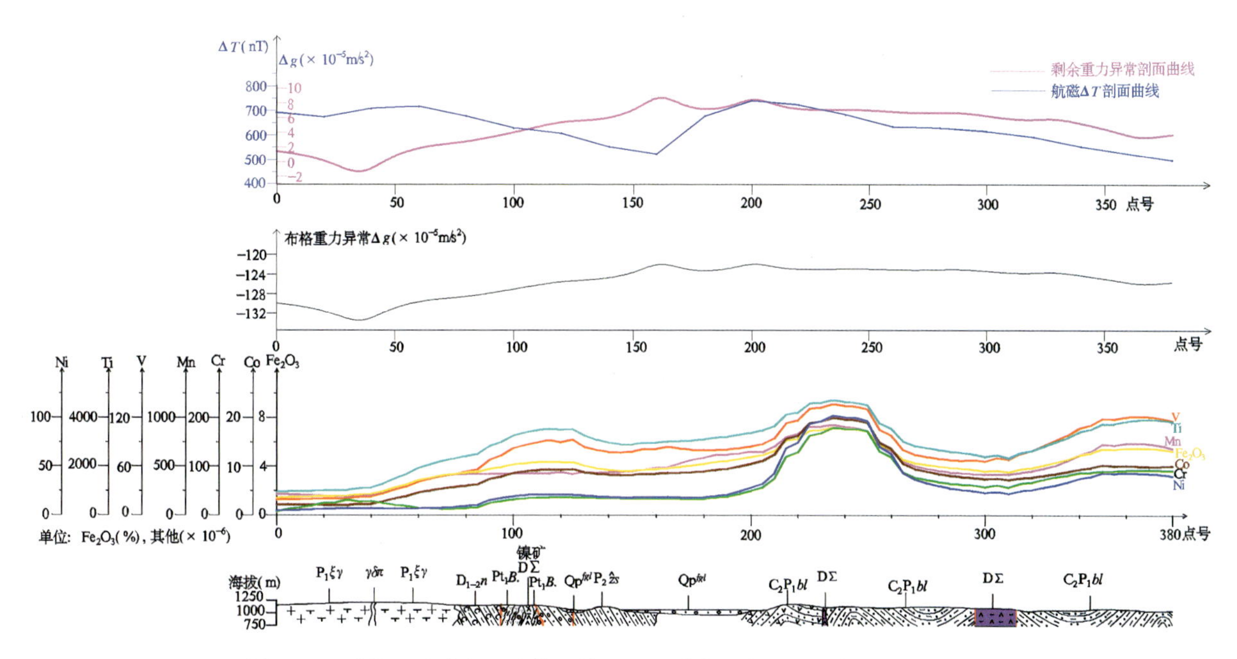

图 6-6　哈拉图庙式侵入岩体型镍矿二连浩特北部预测工作区预测模型图

Qp^{fgl}. 第四系更新统冰水沉积；$P_2\hat{z}s$. 哲斯组；C_2P_1bl. 宝力高庙组；$D_{1-2}n$. 泥鳅河组；Pt_1B.. 宝音图岩群；$P_1\xi\gamma$. 肉红色中粗粒正长花岗岩；ΣD. 地幔橄榄岩；$\gamma\delta\pi$. 花岗闪长斑岩

第三节　矿产预测

根据典型矿床的研究，结合大地构造环境、主要控矿因素、成矿作用特征等，哈拉图庙镍矿床成因类型为熔离型镍矿，基性—超基性岩（辉长辉绿岩-蛇纹岩）控制了矿床的分布，确定预测方法类型为侵入岩体型。

一、综合地质信息定位预测

1. 变量提取及优选

根据典型矿床成矿要素及预测要素研究，选取以下变量：

(1)侵入岩，泥盆纪基性岩、超基性岩。

(2)航磁异常采用航磁 ΔT 化极等值线。

(3)重力剩余异常等值线。

(4)化探镍元素异常区。

(5)已知矿床：目前收集到的有小型镍矿 1 处。

2. 最小预测区圈定及优选

根据典型矿床成矿要素及预测要素研究，本次选择网格单元法作为预测单元，根据预测底图比例尺 1∶5 万确定网格间距为 500m×500m，图面为 10cm×10cm（图 6-7）。结合网格单元和含矿地质体采用手工方法圈定最小预测区，圈定原则是成矿有利网格单元与含矿地质体的交集。

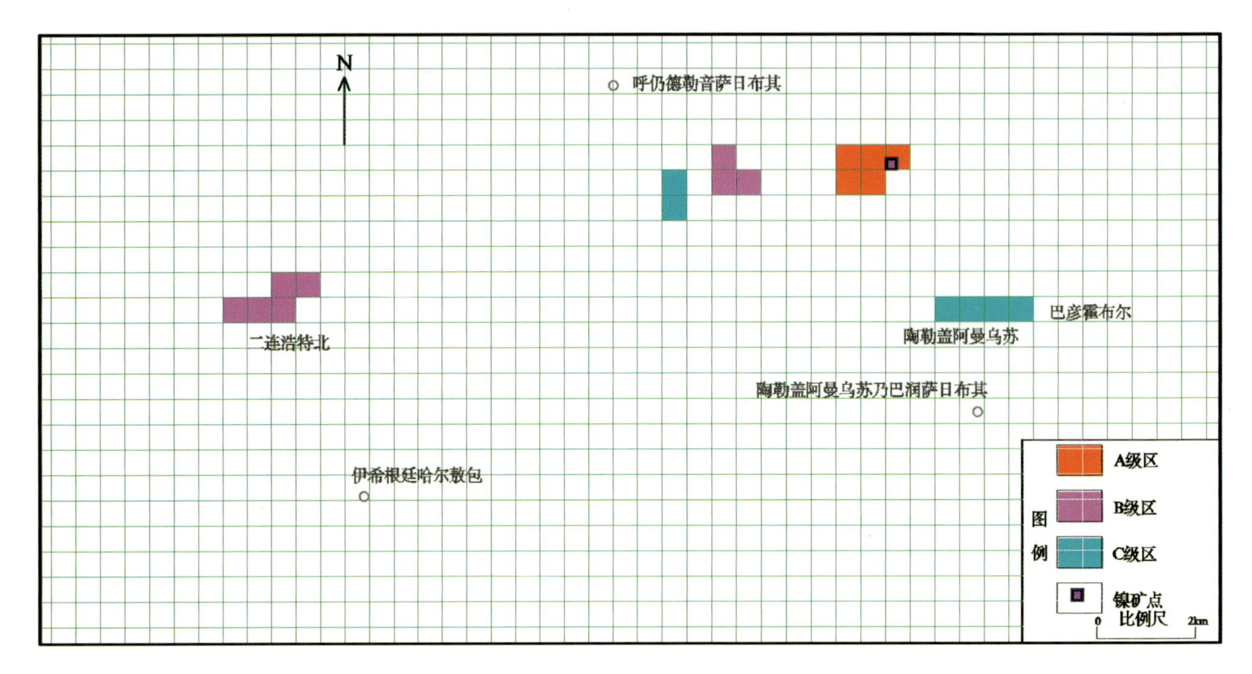

图 6－7　哈拉图庙式侵入岩体型镍矿二连浩特北部预测工作区预测单元图

在 MRAS 软件中，对地质体、化探异常等的区文件求区的存在标志，对航磁化极等值线、剩余重力求起始值的加权平均值，矿点求点的存在标志，并进行以上原始变量的构置，对网格单元进行赋值，形成原始数据专题。

根据已知矿床所在地区的航磁化极异常值、剩余重力值对原始数据专题中的航磁化极等值线、剩余重力起始值的加权平均值进行二值化处理[航磁起始值范围 300～8000nT，剩余重力起始值范围$(3\sim10)\times10^{-5}m/s^2$]，形成定位数据转换专题。

预测工作区内有 1 个已知矿床，为小型镍矿，只有一个规模级别，因此采用少模型预测工程进行定位预测及分级。用数量化理论Ⅲ的结果，以地质、物探、化探等要素进行预测区的圈定与优选。

A 级为地质体＋航磁＋重力＋化探(金属量)＋矿体；B 级为地质体＋航磁＋重力＋化探；C 级为地质体＋航磁＋重力。

3. 最小预测区圈定结果

本次工作共圈定最小预测区 5 个，其中 A 级区 1 个，面积 0.190km²；B 级区 2 个，面积 0.26km²；C 级区 2 个，面积 0.39km²(图 6－8)。

4. 最小预测区地质评价

各最小预测区根据地质、物探、化探特征和资源潜力进行综合评述(表 6－3)。

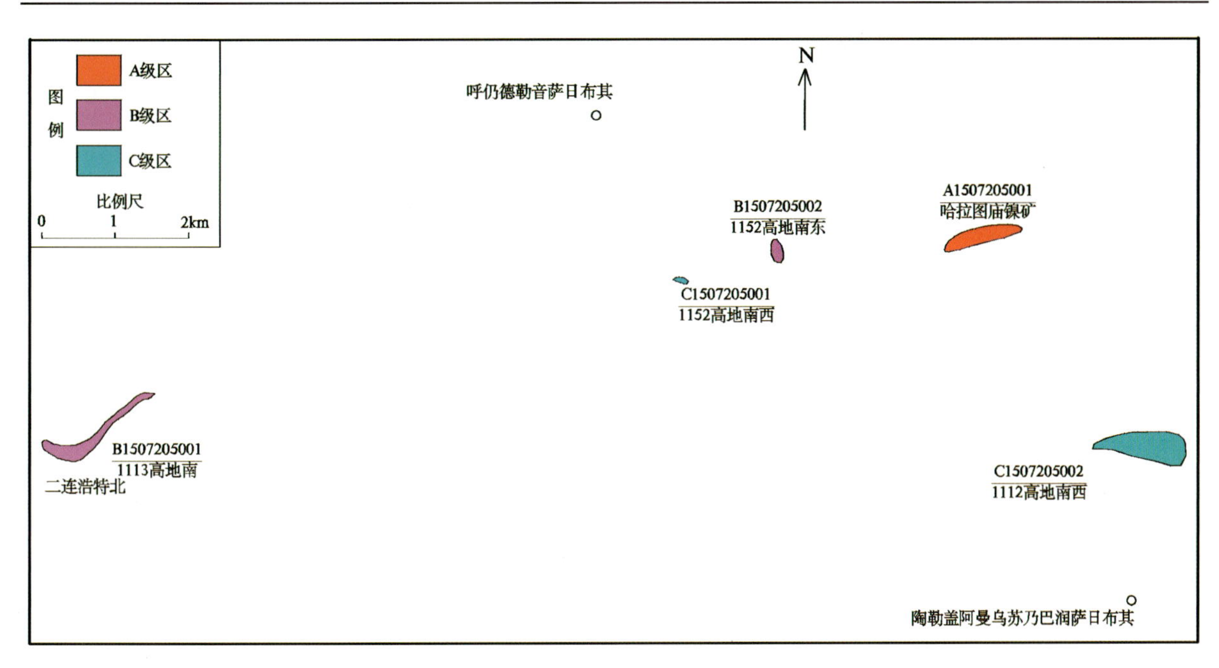

图 6-8 哈拉图庙式侵入岩体型镍矿二连浩特北部预测工作区最小预测区圈定结果

表 6-3 哈拉图庙式侵入岩体型镍矿二连浩特北部预测工作区最小预测区成矿条件及找矿潜力一览表

最小预测区编号	最小预测区名称	最小预测区成矿条件及找矿潜力(航磁/nT,重力/$\times10^{-5}m/s^2$)	评价
A1507205001	哈拉图庙镍矿	该最小预测区矿床主要赋存于泥盆纪超基性岩中,该区内分布有哈拉图庙镍矿。航磁化极等值线起始值在300以上;重力剩余异常起始值在3~10之间;分布于镍金属量异常区内,该最小预测区定为A级区,预测深度182m时资源储量334-1为3 506.01t	找矿潜力极大
B1507205001	1113高地南	该最小预测区赋存于泥盆纪超基性岩中,航磁化极等值线起始值在350以上;重力剩余异常起始值在7~8之间;大部分含矿地质体分布于Ni元素化探异常区内,该最小预测区定为B级区,预测深度180m时资源储量334-3为4 435.20t	找矿潜力较大
B1507205002	1152高地南东	该最小预测区赋存于泥盆纪超基性岩中,航磁化极等值线起始值在350以上;重力剩余异常起始值在3~4之间;含矿地质体分布于Ni元素化探异常区内,该最小预测区定为B级区,预测深度180m时资源储量334-3为806.40t	找矿潜力较大
C1507205001	1152高地南西	该最小预测区赋存于泥盆纪超基性岩中,航磁化极等值线起始值在300以上;重力剩余异常起始值在3~4之间。该最小预测区定为C级区,预测深度180m时资源储量334-3为100.80t	具一定找矿潜力
C1507205002	1112高地南西	该最小预测区赋存于泥盆纪超基性岩中,航磁化极等值线起始值在500以上;重力剩余异常起始值在8~10之间。该最小预测区定为C级区,预测深度200m时资源储量334-3为4 256.00t	具一定找矿潜力

二、综合信息地质体积法估算资源量

1. 典型矿床深部及外围资源量估算

已查明资源量、矿石密度、品位等来源于《内蒙古自治区苏尼特左旗哈拉图庙矿区镍矿详查报告》

(内蒙古苏尼特左旗慧源矿业有限责任公司,2010),哈拉图庙镍矿累计查明镍金属量 6 020.61t,矿石量 44.51×10⁴t。氧化矿平均密度 2.77t/m³、硫化矿平均密度 2.78t/m³,镍平均品位为 1.30%。最大延深为 154m(赋矿标高为 948m～1102m)(图 6-9)。

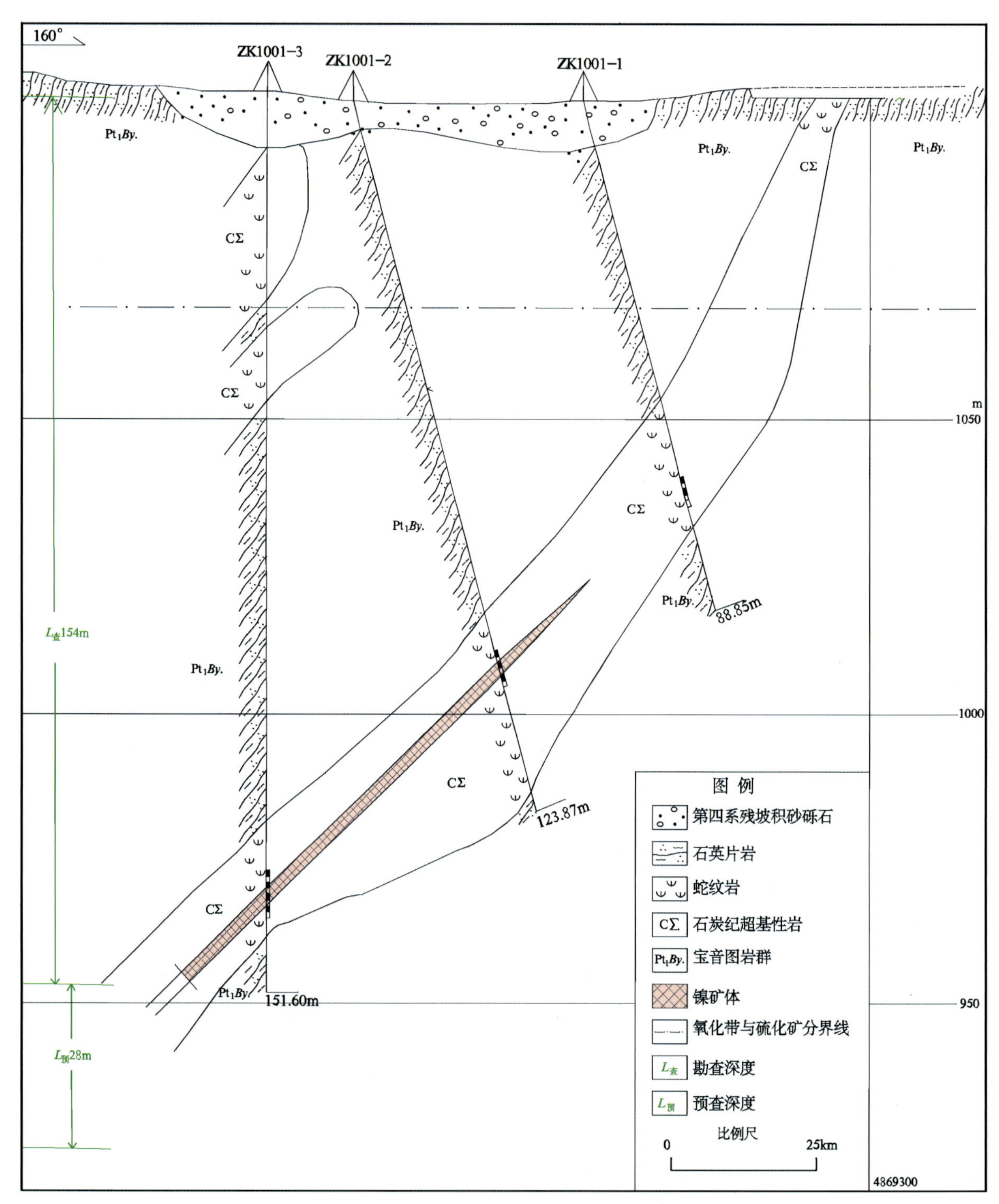

图 6-9　哈拉图庙矿区镍矿第 0 勘查线剖面图

矿床面积为该矿床各矿体、矿脉区边界范围的面积,采用 1∶1 万矿区地质图在 MapGIS 软件下圈定、读取数据,然后依据比例尺计算出实际平面积,为 43 896m²。

镍矿体积含矿率 $K_{典}$＝查明资源储量/(面积 $S_{典}$×延深 $H_{典}$)＝6 020.21t/(43 896m^2×154m)＝0.000 9t/m^3。

典型矿床下延部分预测资源量＝43 896m^2×28m×0.000 9t/m^3＝1 106.18t。外围部分预测资源量＝14 651m^2×182m×0.000 9t/m^3＝2 399.83t。

典型矿床预测总资源量＝下延部分预测资源量＋外围部分预测资源量＝1 106.18＋2 399.83＝3 506.01t(表 6－4)。

表 6－4　哈拉图庙镍矿典型矿床深部及外围资源量估算一览表

典型矿床(112°10′00″,43°57′00″)		深部及外围		
已查明资源量(金属量:t)	矿石量 44.51×10^{4}t,金属量 6 020.61t	深部	面积(m^2)	43 896
面积(m^2)	43 896		深度(m)	28
深度(m)	154	外围	面积(m^2)	14 651
品位(%)	1.3		深度(m)	182
密度(t/m^3)	2.78	预测资源量(金属量:t)		3 506.01
体积含矿率(t/m^3)	0.000 9	典型矿床资源总量(t)		9 526.62

2. 模型区的确定、资源量及估算参数

模型区是指典型矿床所在位置的最小预测区,哈拉图庙模型区系 MRAS 定位预测后,经手工优化圈定的。哈拉图庙典型矿床位于模型区内。

由于模型区内只有亚干镍矿一个已知矿床,因此,该模型区资源总量等于典型矿床资源总量,即 9 526.62t(镍金属量)。模型区含矿地质体延深与典型矿床一致。含矿地质体含矿系数＝资源总量/含矿地质体总体积(模型区总体积×含矿地质体面积参数)＝0.000 28(t/m^3)(表 6－5)。

表 6－5　哈拉图庙式侵入岩体型镍矿模型区预测资源量及其估算参数表

编号	名称	模型区总资源量(金属量,t)	模型区面积(km^2)	延深(m)	含矿地质体面积(km^2)	含矿地质体面积参数	含矿地质体含矿系数(t/m^3)
A1507205001	哈拉图庙矿	9 526.62	0.19	182	0.19	1	0.000 28

3. 最小预测区预测资源量

最小预测区资源量定量估算采用地质体积法,预测底图比例尺为 1∶5 万。

(1)估算参数的确定。最小预测区面积($S_{预}$)在 MapGIS 软件下读取面积,然后换算成实际面积。

延深是指含矿地质体沿倾向向下延长的深度,岩体成矿,直接用垂直深度。延深的确定是在分析最小预测区含矿地质体地质特征、岩体的形成深度、矿化蚀变、矿化类型的基础上进行的,结合典型矿床深部资料,目前钻探工程已控制到 154m,含矿岩系沿倾向向下还有延深。经专家综合分析,确定含矿地质体的总延深($H_{预}$)为 182m。

相似系数(α)由专家结合地质、物探、化探、遥感等资料综合分析确定。

(2)最小预测区预测资源量估算结果。本次共圈定最小预测区 5 个,其中 A 级区 1 个,面积 0.19km^2;B 级区 2 个,面积 0.26km^2;C 级区 2 个,面积 0.39km^2。预测资源总量镍金属 13 104.41t(不包括已探明的镍金属量 6 020.61t),各最小预测区预测资源量见表 6－6。最小预测区圈定结果表明,预测工作区总体与区域成矿地质背景和高磁异常、剩余重力、化探异常等吻合较好。

表 6-6　哈拉图庙式侵入岩体型镍矿二连浩特北部预测工作区最小预测区估算成果表

最小预测区编号	最小预测区名称	$S_{预}$(km²)	$H_{预}$(m)	Ks	K	α	$Z_{预}$(t)	精度
A1507205001	哈拉图庙镍矿	0.19	182	1.00	0.000 28	1.00	3 506.01	334-1
B1507205001	1113 高地南	0.22	180	1.00	0.000 28	0.40	4 435.20	334-3
B1507205002	1152 高地南东	0.04	180	1.00	0.000 28	0.40	806.40	334-3
C1507205001	1152 高地南西	0.01	180	1.00	0.000 28	0.20	100.80	334-3
C1507205002	1112 高地南西	0.38	200	1.00	0.000 28	0.20	4 256.00	334-3

4. 预测工作区资源总量成果汇总

按预测工作区级别划分为 A 级、B 级、C 级；按精度分为 334-1、334-2、334-3 三种；按矿产预测类型统计，全为侵入岩体型。预测深度均在 500m 以浅，按可利用性类别、可信度统计见表 6-7。

表 6-7　哈拉图庙式侵入岩体型镍矿二连浩特北部预测工作区资源量估算汇总表

(单位：t)

深度	精度	可利用性		可信度			预测级别	
		可利用	暂不可利用	≥0.75	≥0.5	≥0.25		
500m 以浅	334-1	3 506.01	/	3 506.01	3 506.01	3 506.01	A 级	3 506.01
	334-2	/	/	/	/	/	B 级	5 241.60
	334-3	9 598.40	/	/	/	9 598.40	C 级	4 356.80

第七章　元山子式沉积(变质)型镍矿预测成果

第一节　典型矿床特征

元山子镍钼矿隶属于内蒙古自治区阿拉善左旗巴润别立镇管辖，位于巴彦浩特镇南73km。

一、典型矿床及成矿模式

(一)典型矿床特征

1. 矿区地质

矿区寒武系—奥陶系中度蚀变、矿化比较普遍，但多集中在寒武系—奥陶系的下部。石英脉与黄铁矿、黄铜矿、方铅矿等矿化关系密切。其表现有碳酸盐化、硅化、绿泥石化、绢云母化、赤铁矿化、磁黄铁矿化、黄铜矿化等。

矿区地表基本被第四系覆盖(图7-1)，只有小面积的新近系零星出露，根据钻孔及斜井工程揭露，下部见寒武系香山群($\in_2 x$)，其中含矿层为香山群黑色含碳石英绢云母千枚岩，顶底板围岩均为浅灰色石英绢云母千枚岩。

近东西向逆断层延长及断距较大，近南北向的正断层比较发育，一般倾角较大，多陡立，断距小，破碎带较宽。节理以走向北东向(30°～60°)、倾向南东向、倾角60°～90°为主。

2. 矿床特征

含碳镍、钼矿化层呈层状，层位比较稳定，埋深为180～300m(顶板)，厚度0～62m。小揉皱、断裂破坏比较明显，矿化层总体走向北西向，倾向42°，倾角11°。

1号矿(体)层控制长425m，宽80～160m；镍、钼基本同体共生；最大厚度镍矿体9.70m，最小厚度1.08m，平均厚度5.45m；厚度变化系数为45.81%。钼矿体最大厚度10.54m，最小厚度1.01m，平均6.85m；厚度变化系数为55.20%。镍最高品位1.61%，最低品位0.20%，平均品位0.37%，变化系数为47.57%。钼最高品位0.564%，最低品位0.011%，平均品位0.097%，变化系数为52.52%。

2号矿(体)层位于1号矿层下部，相距3～55m，镍钼矿体最大厚度2.69m，最小厚度2.53m，平均2.61m，厚度变化不大，较稳定，钼平均品位0.079%。镍达不到工业品位，属于单钼矿层(体)。

3. 矿石特征

矿石矿物主要为辉钼矿(0.06%)、辉砷镍矿(0.29%)、针镍矿(0.02%)、辉铁镍矿(0.03%)，其他矿物含量甚微，有黄铁矿、辉铜矿、闪锌矿、黄铜矿、褐铁矿、毒砂、铜蓝等。非金属矿物主要由石英、绢云母及碳质组成。辉钼矿呈细粒星散状分布，碳质呈鳞片状分布，与镍、钼呈正相关关系。

矿石自然类型为黑色含碳质页岩型辉钼矿石、硫化镍(镍黄铁矿、辉铁镍矿、二硫镍矿)矿石。矿石工业类型为硫化钼镍贫矿石。

4. 矿石结构构造

矿石矿物以粒状结构为主,同时具交代结构、胶状结构、生长结构等。矿石构造有细脉浸染状构造、浸染状构造。

5. 矿床成因及成矿时代

元山子镍钼矿成因类型为沉积型硫化镍、钼矿床,矿体的产出受地层控制,受后期构造及热液活动的影响,矿(化)层在局部地段富集而成,因此断裂构造及热液通道附近是成矿的有利地段。成矿时代为寒武纪。

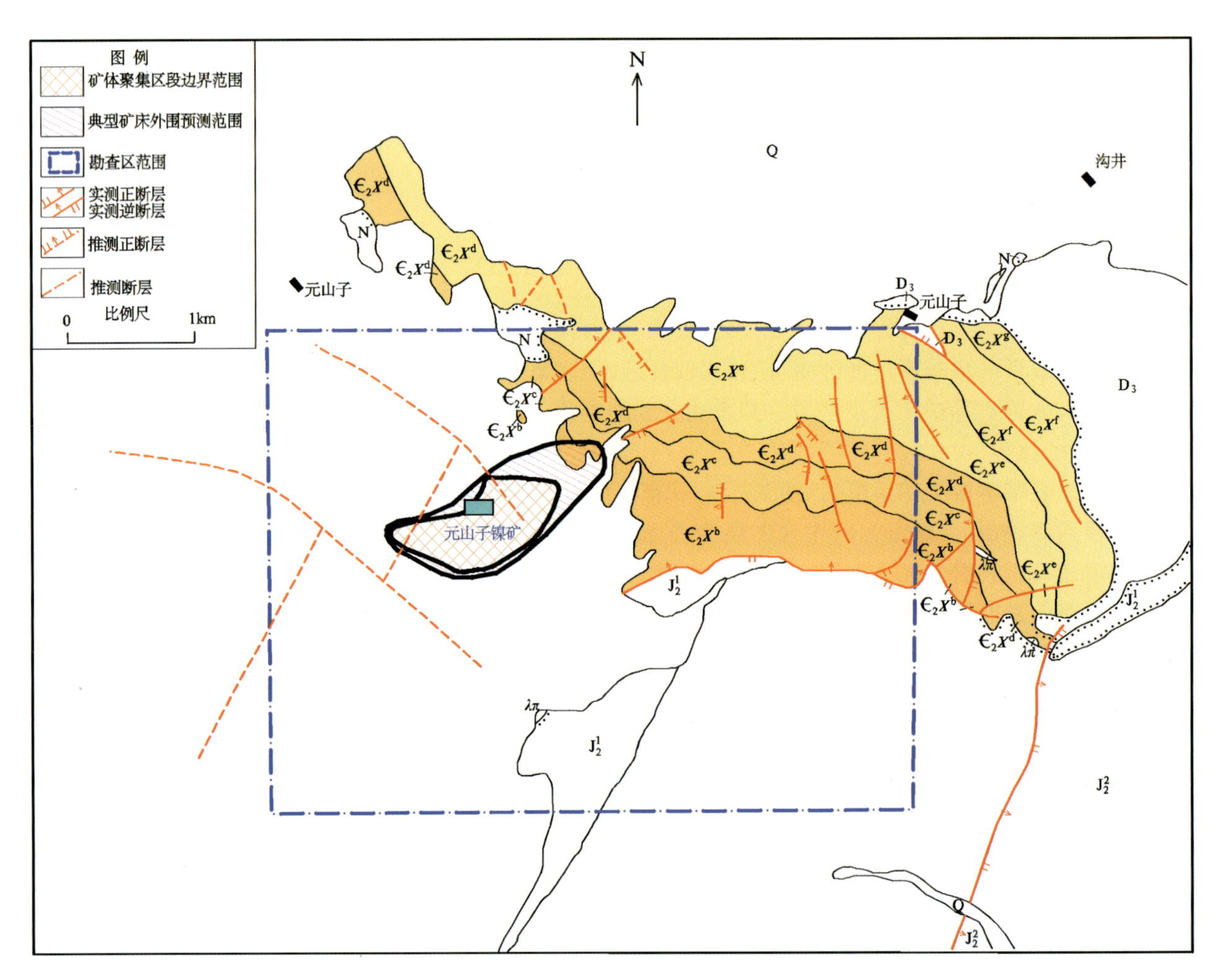

图 7-1　元山子镍钼矿地质简图

Q. 第四系风成砂、冲积物;N. 新近系黏土、砂砾岩;J_2^2. 中侏罗世灰绿色、灰白色厚层粗砂岩,砂质泥岩;J_2^1. 中侏罗世灰白色厚层砂岩;D_3. 晚泥盆世砂砾岩;$\in_2X^g$. 香山群白色厚层灰岩;$\in_2X^f$. 香山群灰色泥质条带石灰岩;$\in_2X^e$. 香山群深灰色中厚层鳞状灰岩、泥质条带灰岩;$\in_2X^d$. 香山群灰色厚层鳞状灰岩夹泥质条带灰岩;$\in_2X^c$. 香山群灰色厚层鳞状灰岩、灰岩;$\in_2X^b$. 香山群灰色厚层灰岩、鳞状灰岩夹白云岩;$\lambda\pi$. 石英斑岩

（二）矿床成矿模式

早寒武世，元山子镍钼矿所在地区处于与伸展构造背景有关的被动大陆边缘斜坡上的裂陷盆地环境，受同沉积断裂活动影响，使上地幔有关元素被热水（泉）循环体系带入裂陷盆地中，在相对深水的还原条件下，沉积形成了一套含碳黑色岩系（含 Ni、Mo 等元素），在长期的构造及热液活动影响下，成矿元素在有利地段逐渐富集，形成了具有一定工业价值的层状镍钼矿体（图 7－2）。

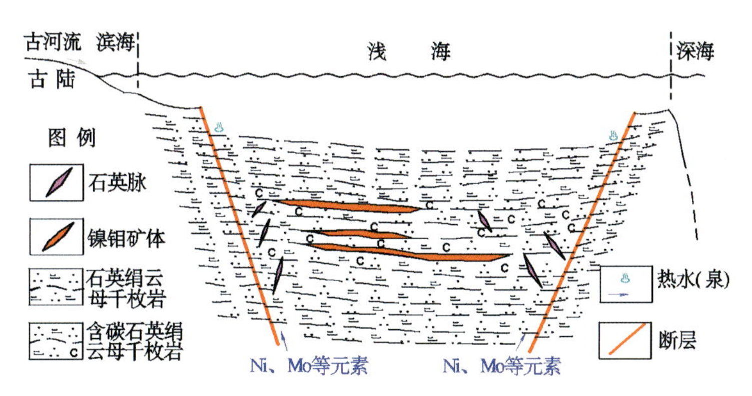

图 7－2　元山子沉积（变质）型镍矿成矿模式图

二、典型矿床物探特征

元山子镍钼矿在布格重力异常图上位于局部重力低东北边部的梯度带上，低异常区呈椭圆状北东向展布，布格重力异常值 Δg 变化范围为（－204.36～－184.00）$\times 10^{-5}m/s^2$。在剩余重力异常图上，元山子镍钼矿处在北东向椭圆状负异常（L 蒙－723）东北边部靠近中心一侧，异常区被中新生界所覆盖，推断为中新生代盆地引起。矿区北部与东南部的正异常区对应于古生界。重力梯度带推断由次级断裂构造引起，走向与等值线走向一致。

矿层主要在低阻体岩层或更深，位于高阻体下，其视电阻率估计为 18～24Ω · m，局部矿层处于高阻体与低阻体的接触部位。

1∶25 万航磁图上矿区处在场值－80nT 左右的负磁场背景。1∶5 万航磁图中矿区处在场值 0nT 左右的平稳磁场。

矿区磁场强度较弱，为正异常，强度 30～80nT，具有沉积岩和变质岩磁性特征的双重性；磁异常走向为北西向，呈椭圆状，梯度变化小；寒武系—奥陶系是产生磁异常的主要地层，地层上部灰岩、千枚岩等岩石中含有镍磁黄铁矿、磁黄铁矿等磁性矿物，但含量较少。该地层中下部黑色绢云母、石英、石墨等属于抗磁性矿物，不具有磁性。但所含磁性矿物是引起地面磁异常的主要原因，磁性矿物含量越多，磁性越强。据钻孔资料，主要矿层埋深 250～290m，其中含有较高的磁黄铁矿等矿物，并以脉状、团块状、星点状赋存于岩石裂隙中。

三、典型矿床预测模型

以典型矿床成矿要素图为基础，综合研究重力、航磁、化探、遥感等致矿信息，总结典型矿床预测要素表（表 7－1）。根据典型矿床成矿要素图和区域化探、重力、遥感等资料，确定典型矿床预测要素，编制典型矿床预测要素图。

表 7-1　元山子沉积(变质)型镍钼矿典型矿床预测要素表

<table>
<tr><td colspan="2">预测要素</td><td colspan="3">内容描述</td><td rowspan="3">要素类别</td></tr>
<tr><td colspan="2">储量</td><td>镍金属量:3435.36t</td><td>平均品位</td><td>0.38%</td></tr>
<tr><td colspan="2">特征描述</td><td colspan="3">沉积型硫化镍钼矿床(小型)</td></tr>
<tr><td rowspan="3">地质环境</td><td>构造背景</td><td colspan="3">Ⅱ华北陆块区;Ⅱ-5 鄂尔多斯陆块;Ⅱ-5-2 贺兰山被动陆缘盆地(Pz_1)</td><td>重要</td></tr>
<tr><td>成矿环境</td><td colspan="3">阿尔金-祁连成矿省,河西走廊铁、锰、萤石、盐、凹凸棒石成矿带,阎地拉图铁成矿亚带</td><td>重要</td></tr>
<tr><td>成矿时代</td><td colspan="3">寒武纪</td><td>重要</td></tr>
<tr><td rowspan="6">矿床特征</td><td>矿体形态</td><td colspan="3">呈层状</td><td>重要</td></tr>
<tr><td>岩石类型</td><td colspan="3">含碳石英绢云母千枚岩</td><td>必要</td></tr>
<tr><td>矿物组合</td><td colspan="3">矿石矿物主要为辉钼矿、辉砷镍矿、针镍矿、辉铁镍矿;非金属矿物主要由石英、绢云母及碳质物组成</td><td>次要</td></tr>
<tr><td>结构构造</td><td colspan="3">结构:以粒状结构为主,同时具交代结构、胶状结构、生长结构等。构造:细脉浸染状构造、浸染状构造</td><td>次要</td></tr>
<tr><td>蚀变特征</td><td colspan="3">绢云母化</td><td>重要</td></tr>
<tr><td>控矿条件</td><td colspan="3">矿床位于局部重力高和重力低的交界处,梯级带较密集,Δg 为$(-240.36\sim-170.55)\times10^{-5}\,m/s^2$,异常幅度约$70\times10^{-5}\,m/s^2$</td><td>重要</td></tr>
<tr><td rowspan="2">地球物理特征</td><td>重力</td><td colspan="3">重力负异常区,异常梯度带附近</td><td>重要</td></tr>
<tr><td>磁法</td><td colspan="3">航磁正异常区,异常梯度带附近</td><td>次要</td></tr>
</table>

第二节　预测工作区研究

元山子式沉积型镍矿选取 2 个预测工作区。元山子预测工作区底图比例尺为 1∶5 万,范围:东经 105°30′—105°55′、北纬 37°45′—38°20′。营盘水北预测工作区底图比例尺为 1∶10 万,范围:东经 104°00′—105°00′、北纬 37°35′—38°10′。

一、区域地质特征

(一)成矿地质背景

元山子预测工作区与营盘水北预测工作区建造构造特征极为相似。

1. 地层

预测工作区地层跨华北、祁连(大部分)两地层区,主体位于祁连地层区内的北祁连地层分区贺兰山地层小区。区内地层从老至新出露有中寒武统徐家圈组($\in_{2-3}x$)、上寒武统—下奥陶统磨盘井组($\in_3$—O_1m)、中下奥陶统天景山组($O_{1-2}t$)、中下奥陶统米钵山组($O_{1-2}mb$)、中泥盆统石峡沟组(D_2s)、上泥盆统老君山组(D_3l)、下石炭统前黑山组(C_1q)、下石炭统臭牛沟组(C_1c)、上石炭统羊虎沟组(C_2y)、下二叠统大黄沟组(P_1dh)、下三叠统刘家沟组(T_1l)、下三叠统和尚沟组(T_1h)、上三叠统延长组(T_3yc)、中侏罗统龙凤山组(J_2l)、上侏罗统沙枣河组(J_3s)、下白垩统庙沟组(K_1mg)、古近系渐新统清水营组(N_3q)、新近系中新统红柳沟组(N_1hl)、新近系上新统苦泉组(N_2k)。

香山岩群徐家圈组为元山子式沉积(变质)型钼镍多金属成矿的赋矿地层。上部岩性为褐黄色硅质白云岩,硅质灰岩及灰黑色硅质岩;中部为灰绿色绢云千枚岩、绢云石英千枚岩、绢云石英板岩及灰黑色含石墨绢云石英千枚岩夹玄武岩、辉绿岩及矿层;下部为灰绿色、浅蓝灰色千枚状板岩,灰色灰岩,结晶灰岩及条带状结晶灰岩夹变质长石石英砂岩。

2. 岩浆岩

区内岩浆活动主要发生在五台期、吕梁期和加里东期,主要以脉岩为主,地表于骆驼山及黑脑沟等地见石英斑岩脉数条。钻孔中见有花岗闪长岩脉($\gamma\delta$)、花岗伟晶岩脉($\gamma\rho$)、闪长玢岩脉($\delta\mu$)、片理化钠长玢岩脉($\delta\mu$)、石英斑岩脉($\lambda\pi$)、细小石英脉(q)及方解石脉,分布较普遍。部分岩脉对矿体造成切割,但错动不大。

3. 构造

区内构造复杂,根据钻孔资料,岩矿层总的走向北西向,倾向北东向,倾角 11°,为单斜构造。勘查区外以西,科学山—元山子间是一东西向展布的背斜。预测工作区以北寒武系总体走向北西西向,倾向北北东向,倾角 40°左右,元山子山脊产状逐渐变陡约为 50°～60°。局部地层受断层影响有挠曲或倒转。预测工作区内断裂构造十分发育,呈北东及北西向展布。对矿区的地层及矿层有一定的控制和破坏作用,尤其是北东向及北西向断裂严格控制了矿(体)层的边界。

(二)区域成矿模式

早寒武世本地区处在裂陷盆地环境下,受同沉积断裂活动影响,上地幔有关元素被热水(泉)循环体系带入裂陷盆地中,在相对深水的还原条件下形成了一套含碳黑色岩系(含 Ni、Mo 等元素),持续热液活动使成矿元素逐渐富集,形成工业矿体。此后,受后期构造抬升,黑色岩系被剥蚀暴露于地表或近地表。

元山子预测工作区与营盘水北预测工作区区域成矿模式见图 7-3、图 7-4。

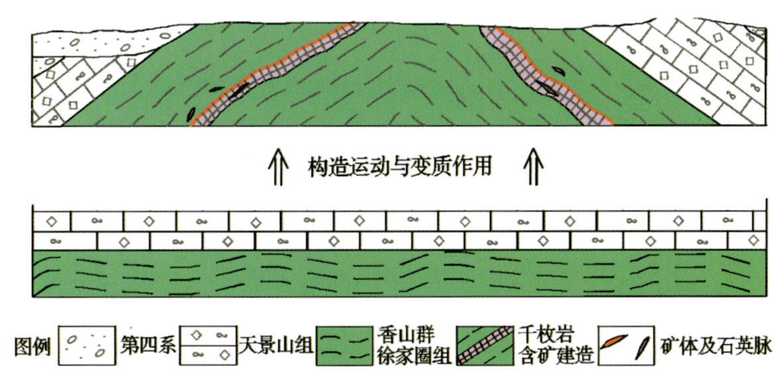

图 7-3　元山子预测工作区镍矿床区域成矿模式图

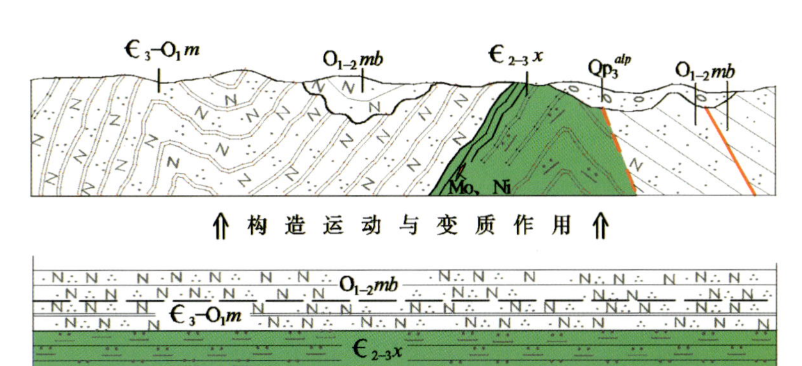

图 7-4　营盘水北预测工作区镍矿床区域成矿模式图

Qp_3^{alp}. 第四系上更新统冲洪积;$O_{1-2}mb$. 中下奥陶系米钵山组;$\in_3$—O_1m. 寒武系—奥陶系磨盘井组;$\in_{2-3}x$. 寒武系香山群徐家圈组千枚岩含矿建造;Mo、Ni. 钼镍矿体

二、区域地球物理特征

(一)重力

1. 元山子预测工作区

位于红柳大泉-阿拉善右旗-温都尔图重力低值带。预测工作区范围较小，布格重力异常值变化幅度小。矿区重力场最低值 $\Delta g_{min}=-198\times10^{-5}m/s^2$，最高值 $\Delta g_{max}=-170.11\times10^{-5}m/s^2$。

预测工作区大部分地区的布格重力异常值为$(-190\sim-170)\times10^{-5}m/s^2$，为相对高值区。元山子镍钼矿西南部的重力异常值相对较低，是一个不完整的局部重力低异常，向西南延伸出区外，布格重力值为$(-200\sim-190)\times10^{-5}m/s^2$，走向北东向。区内剩余重力正、负异常形态多为椭圆状、带状。从北向南，正负异常交替出现。

元山子镍钼矿西侧为布格重力低异常，在剩余重力异常图上表现为负异常(L蒙-723)，地表被第四系覆盖，外围有石炭系、奥陶系、泥盆系出露，推断为中新生代沉积盆地。预测工作区北部和南部的剩余重力正异常区局部出露奥陶系、泥盆系及石炭系，推断为古生界基底隆起所致。

预测工作区中部偏南布格重力等值线密集，且同向扭曲，结合全区地质图推断该处有1条北西走向的断裂(F蒙-02038)。

矿床位于局部重力低区域边缘，表明该类矿床与沉积盆地有关。预测工作区内推断解释断裂构造8条，地层单元2个、中新生代盆地2个。

2. 营盘水北预测工作区

位于红柳大泉-阿拉善右旗-温都尔图重力低值带。从布格重力异常图上看，预测工作区区域重力场总体呈东北部重力高、西南部重力低的特点。其重力场总体走向为北西向。区域重力场最低值 $\Delta g_{min}=-232.32\times10^{-5}m/s^2$，最高值 $\Delta g_{max}=-192.08\times10^{-5}m/s^2$。

预测工作区内剩余重力正、负异常形态多为宽缓的条带状，由1～3个异常中心组成。北部剩余重力最高值为 $8.65\times10^{-5}m/s^2$。

预测工作区的剩余重力负异常区，推断为中新生代坳陷盆地。南部剩余重力正异常区位于贺兰山地层小区，推断为古生界基底隆起引起。

预测工作区中部的布格重力等值线梯度带，推断为一断裂(F蒙-01733)。预测工作区的断裂大多为北西向，推断断裂构造21条、地层单元3个、中新生代盆地4个。

(二)航磁

1. 元山子预测工作区

在1∶5万航磁 ΔT 等值线平面图上，预测工作区磁异常幅值范围为－100～225nT，预测工作区磁场平稳，背景值为0～25nT，除中部西端有一椭圆形异常，北部伴生负异常，梯度变化大外，预测工作区整体磁异常平缓，梯度变化小，形态杂乱。预测工作区磁异常轴向及 ΔT 等值线延伸方向以北东向为主。元山子式沉积型镍钼矿床位于预测工作区北部，以低缓磁异常为背景，0nT等值线附近。

预测工作区磁法推断断裂构造以北东向为主，磁场标志多为磁异常梯度带。预测工作区中部西端的磁异常推断为酸性侵入岩体引起，东部磁异常推断由火山岩地层引起。推断断裂2条、中酸性岩体1个、火山岩地层3个。

2. 营盘水北预测工作区

在1∶10万航磁 ΔT 等值线平面图上，预测工作区磁异常幅值范围为－460～400nT，背景值为0～25nT，预测工作区整体磁场平缓，梯度变化小，东部有一串椭圆形异常，形态杂乱，梯度变化大。预测工作区磁异常轴向及 ΔT 等值线延伸方向以北东向为主。

磁法推断断裂构造以北东向为主，磁场标志多为磁异常梯度带和不同磁场区分界线。预测工作区东部磁异常推断为火山岩引起，南部有一孤立椭圆形磁异常推断由酸性侵入岩体引起。推断断裂2条、火山岩地层2个。

三、区域遥感特征

1. 元山子预测工作区

预测工作区内解译出线形构造共90余条。其中包括几条中型断层和80余条小型断层，在预测工作区东部分布密集，在西北部零星分布。

本预测工作区内解译出1处环形构造，为中生代花岗岩类引起的环形构造。圈定出6个最小预测区。

2. 营盘水北预测工作区

预测工作区内解译出20余条断层，其中有3条中型断层和20余条小型断层，主要分布在预测工作区东南部。遥感带状要素主要为寒武系香山群，圈定出5个最小预测区。

四、区域预测模型

根据预测工作区区域成矿要素和航磁、重力、遥感及化探，建立了本预测工作区的区域预测要素(表7－2、表7－3)。

表7－2　元山子沉积(变质)型镍钼矿床元山子预测工作区区域预测要素表

区域预测要素		描述内容	要素类别
地质环境	大地构造	Ⅳ秦祁昆造山系；Ⅳ－1北祁连弧盆系；Ⅳ－1－1走廊弧后盆地(O—S)	重要
	区域成矿类型及成矿期	寒武系海相沉积(变质)型(镍、钼、硫铁)	重要
控矿地质条件	控矿构造	北东向及北西向断裂带	次要
	赋矿地层	寒武系香山群徐家圈组	重要
	控矿建造	滨海浅海相黑色石英石墨绢云母千枚岩建造	重要
重力		预测工作区大部分地区的布格重力异常值为(－190～170)×10^{-5} m/s^2，为相对高值区	次要
航磁		在1∶5万航磁 ΔT 等值线平面图上，预测工作区磁异常幅值范围为－100～225nT，预测工作区磁场平稳，背景值为0～25nT	次要

表 7-3 元山子沉积(变质)型镍钼矿床营盘水北预测工作区区域预测要素

区域成矿要素		描述内容	成矿要素分类
地质环境	大地构造	Ⅳ秦祁昆造山系；Ⅳ-1北祁连弧盆系；Ⅳ-1-1走廊弧后盆地(O—S)	重要
	区域成矿类型及成矿期	寒武系海相沉积(变质)型(镍、钼、硫铁)	重要
控矿地质条件	控矿构造	北东向及北西向断裂带	次要
	赋矿地层	寒武系香山群徐家圈组	重要
	控矿建造	滨海浅海相黑色石英石墨绢云母千枚岩建造	重要
重力		预测工作区区域重力场总体呈东北部重力高、西南部重力低的特点。其重力场总体走向为北西向。区域重力场最低值 $\Delta g_{min}=-232.32\times10^{-5}m/s^2$，最高值 $\Delta g_{max}=-192.08\times10^{-5}m/s^2$	次要
航磁		在1∶10万航磁 ΔT 等值线平面图上，预测工作区磁异常幅值范围为-460～400nT，背景值为0～25nT，预测工作区整体磁场平缓，梯度变化小东部有一串椭圆形异常，形态杂乱，梯度变化大	次要

区域预测要素图以区域成矿要素图为基础，叠加物探异常的线(区)文件而成。

预测模型图简要表示预测要素内容、相互关系以及时空展布特征(图7-5、图7-6)。

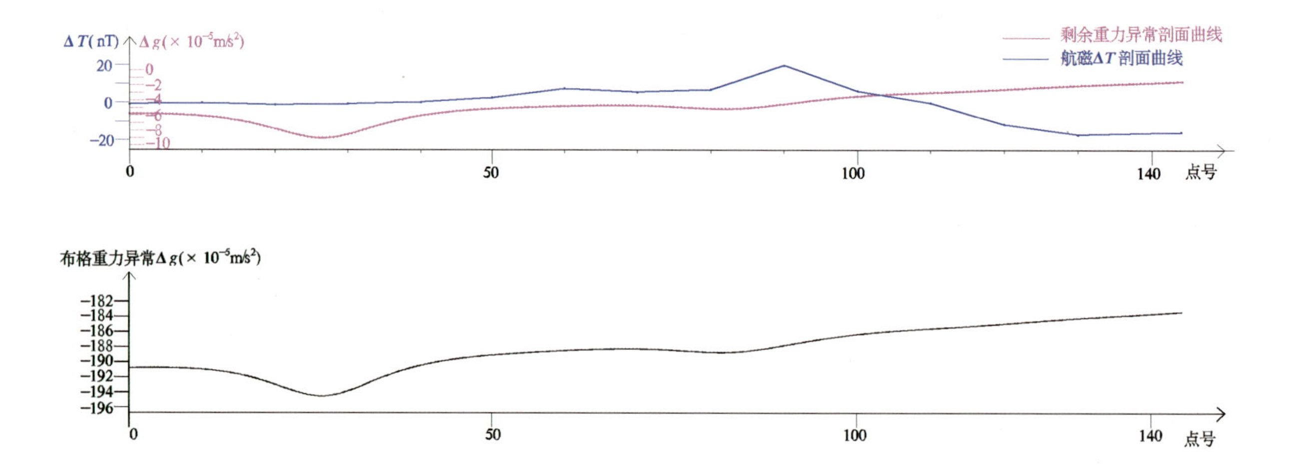

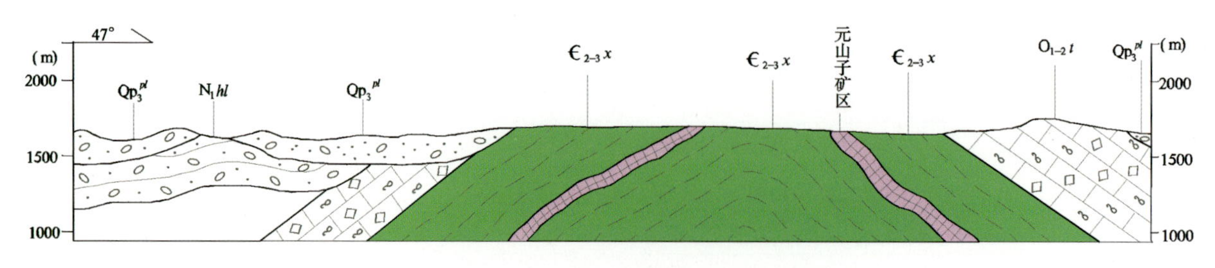

图 7-5 元山子镍矿元山子预测工作区预测模型图

Qp_3^{pl}. 第四系上更新统洪积；N_1hl. 红柳沟组；$O_{1-2}t$. 中下奥陶统天景山组；$\in_{2-3}x$. 徐家圈组

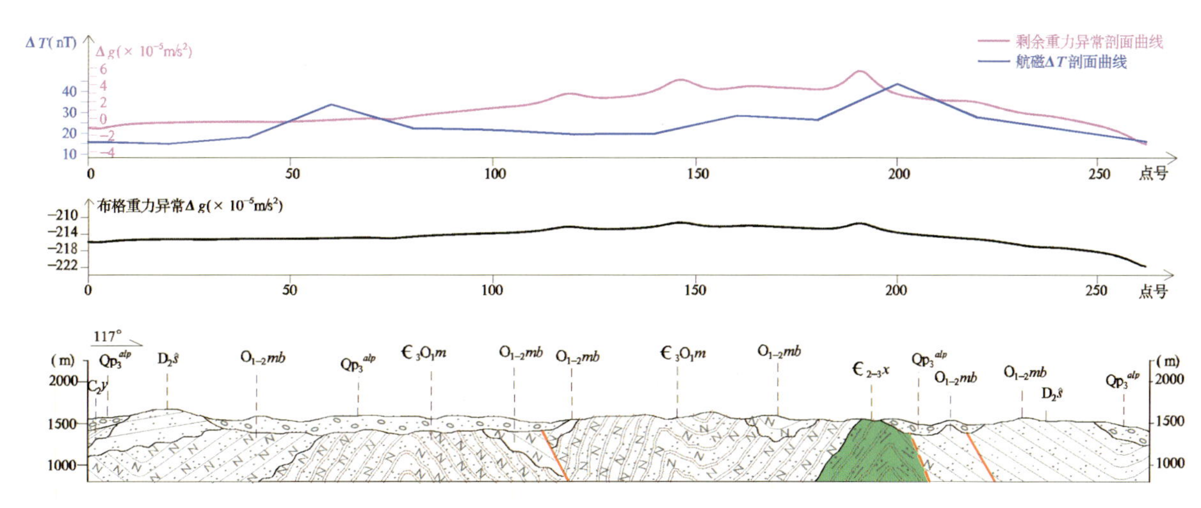

图 7-6　元山子镍矿营盘水北预测工作区预测模型图

Qp_3^{alp}. 第四系上更新统冲洪积；$D_2\hat{s}$. 石峡沟组；$O_{1-2}mb$. 米钵山组；$\in_3 O_1 m$. 磨盘井组；$\in_{2-3}x$. 徐家圈组

第三节　矿产预测

根据典型矿床的研究，结合大地构造背景、主要控矿因素、成矿作用特征等，其矿床成因类型为沉积(变质)型，香山群徐家圈组直接控制了矿床的分布，成为唯一的成矿必要要素，确定预测方法类型为沉积型。

一、综合地质信息定位预测

(一)变量提取及优选

1. 元山子预测工作区

选择地质单元法进行预测(图 7-7)，以寒武系香山群千枚岩含矿建造作为预测单元，单元大小为 10mm×10mm。根据典型矿床成矿要素及预测要素研究，选取以下变量：

(1)地质体：香山群徐家圈组千枚岩含矿建造。

(2)断层：提取北东向地质断层及遥感推断断裂，并根据断层的规模做 500m 的缓冲区。

(3)重力：剩余重力起始值大于 $-7\times10^{-5}m/s^2$ 的范围。

(4)航磁：航磁化极值大于 -10nT 的范围。

在 MRAS 软件中区求存在标志；航磁化极、剩余重力求起始值的加权平均值，并进行以上原始变量的构置，对网格进行赋值，形成原始数据专题。

2. 营盘水北预测工作区

选择网格单元法作为预测单元，根据预测底图比例尺(1∶10 万)确定网格间距为 1000m×1000m，图上为 10mm×10mm(图 7-8)。根据典型矿床成矿要素和预测要素研究，选取以下变量：

(1)地质体：提取徐家圈组。

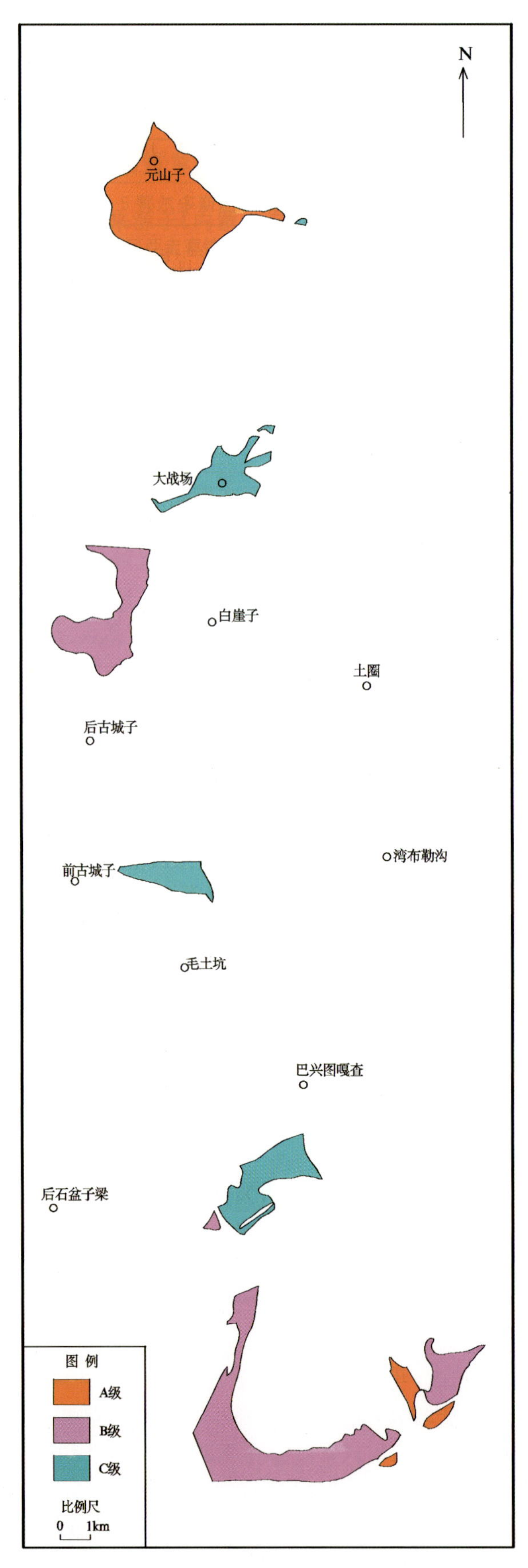

图7-7　元山子式沉积(变质)型镍矿元山子预测工作区预测单元图

图 7-8　元山子式沉积(变质)型镍矿营盘水北预测工作区预测单元图

(2)航磁异常。

(3)重力:区域重力场最低值 $-237.65\times10^{-5}m/s^2$,最高值 $-191.11\times10^{-5}m/s^2$。

(4)遥感异常:对遥感预测提取的区域断裂带线文件进行缓冲区处理,形成区文件。

(5)断层:对控矿有关的断裂文件进行缓冲区处理,形成区文件。

在 MRAS 软件中区求存在标志;航磁化极、剩余重力则求起始值的加权平均值,并进行以上原始变量的构置,对网格进行赋值,形成原始数据专题。

(二)最小预测区圈定及优选

1. 元山子预测工作区

预测工作区内只有 1 个已知矿床(矿点),采用少预测模型工程进行定位预测及分级。用空间评价中特征分析法进行评价,再结合综合信息法圈定最小预测区,并进行优选。

2. 营盘水北预测工作区

预测工作区内没有已知矿点,采用 MRAS 矿产资源 GIS 评价系统中少预测模型工程,利用网格单元法进行定位预测,用空间评价中神经网络分析方法进行预测,再结合综合信息法叠加各预测要素,圈定最小预测区,并进行优选。

(三)最小预测区圈定结果

A级:地质体+已知矿床+化探异常+航磁异常+剩余重力异常+遥感I级铁染异常;B级:地质体+化探异常+矿点+航磁异常+剩余重力异常+遥感异常;C级:地质体+矿化蚀变+航磁异常或地质体+重力异常+遥感异常+低强度化探异常。

本次工作元山子预测工作区共圈定最小预测区11个,其中A级4个,面积1.26km²;B级3个,面积0.75km²;C级4个,面积1.86km²(图7-7)。营盘水北工作区共圈定最小预测区6个,其中B级3个,面积8.25km²;C级3个,面积19.7km²(图7-9)。

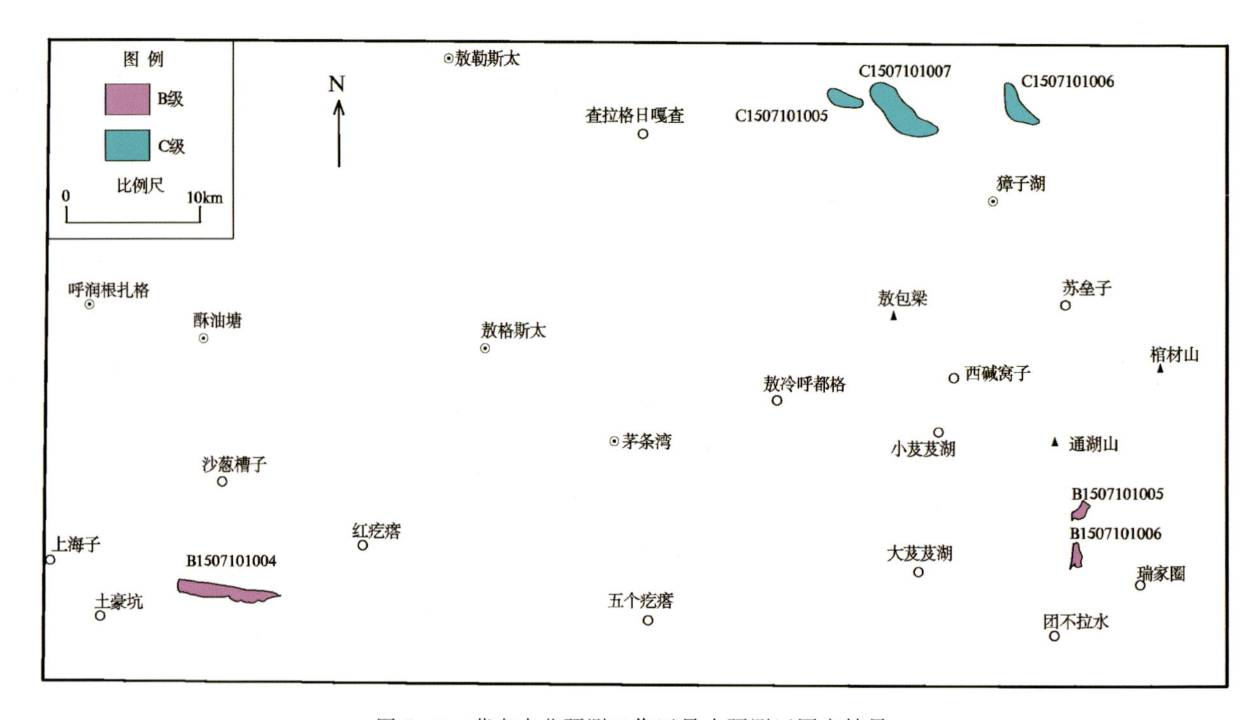

图7-9　营盘水北预测工作区最小预测区圈定结果

(四)最小预测区地质评价

各最小预测区成矿条件及找矿潜力见表7-4。

表7-4　元山子式沉积(变质)型镍钼矿最小预测区成矿条件及找矿潜力一览表

最小预测区编号	最小预测区名称	最小预测区成矿条件及找矿潜力(航磁/nT,重力/$\times10^{-5}$m/s²)	评价
元山子预测工作区			
A1507101001	元山子	出露徐家圈组千枚岩含矿建造,模型区内有一条规模较大、与成矿有关的北东向断层。剩余重力起始值大于−7,航磁ΔT化极起始值大于−10	找矿潜力巨大
A1507101002	木头子门1	出露徐家圈组千枚岩含矿建造,区内有一条规模较大、与成矿有关的北西向断层。剩余重力起始值大于−7,航磁ΔT化极起始值大于−10	有较好找矿潜力
A1507101003	木头子门2	出露徐家圈组千枚岩含矿建造,区内有一条规模较大、与成矿有关的北西向断层。剩余重力起始值大于−7,航磁ΔT化极起始值大于−10	有很大找矿潜力

续表 7-4

最小预测区编号	最小预测区名称	最小预测区成矿条件及找矿潜力(航磁/nT,重力/$\times10^{-5}m/s^2$)	评价
A1507101004	木头子门 3	出露徐家圈组千枚岩含矿建造,剩余重力起始值大于−7,航磁 ΔT 化极起始值大于−10。	有较好找矿潜力
B1507101001	白崖子	出露徐家圈组千枚岩含矿建造,区内有一条与成矿有关的北东向断层。剩余重力起始值大于−7,航磁 ΔT 化极起始值大于−10	有一定找矿潜力
B1507101002	后石盆子梁	出露徐家圈组千枚岩含矿建造,剩余重力起始值大于−7,航磁 ΔT 化极起始值大于−10	有一定找矿潜力
B1507101003	木头子门	出露徐家圈组千枚岩含矿建造,区内有一条规模较大、与成矿有关的北西向断层。剩余重力起始值大于−7,航磁 ΔT 化极起始值大于−10	有一定找矿潜力
C1507101001	大战场	出露徐家圈组千枚岩含矿建造,区内有两条与成矿有关的北东向断层	有一定找矿潜力
C1507101002	前古城子	出露徐家圈组千枚岩含矿建造,区内有一条与成矿有关的北西向断层	有一定找矿潜力
C1507101003	巴兴图嘎查	出露徐家圈组千枚岩含矿建造,区内有一条与成矿有关的北东向断层	有一定找矿潜力
C1507101004	前石盆子梁	出露徐家圈组千枚岩含矿建造,区内有一条规模较大、与成矿有关的北东向断层	有一定找矿潜力
营盘水北预测工作区			
B1507101004	大黑梁北	出露徐家圈组,区内有北西向、北东向断层,航磁化极异常值 0~35,剩余重力异常为重力低,异常值−2~1	有一定找矿潜力
B1507101005	通湖山南	出露徐家圈组,航磁化极异常值 30~435,剩余重力异常为重力低,异常值 4~5	有一定找矿潜力
B1507101006	瑞家圈	出露徐家圈组,航磁化极异常值 25~40,剩余重力异常值 5~6	有一定找矿潜力
C1507101005	黑疙瘩北	地表为第四系,航磁化极异常值−450~40,剩余重力异常值−6~−4	有一定找矿潜力
C1507101006	獐子湖北	地表为第四系,航磁化极异常值−450~110,剩余重力异常值 0~3	有一定找矿潜力
C1507101007	黑疙瘩北东	地表为第四系,航磁化极异常值−480~100,剩余重力异常值−5~−1	有一定找矿潜力

二、综合信息地质体积法估算资源量

(一)典型矿床深部及外围资源量估算

已查明资源量来源于《截至 2009 年底内蒙古自治区主要矿区资源储量表》(内蒙古自治区国土资源厅,2010),矿石品位、密度、矿床面积($S_{典}$)是根据《内蒙古自治区阿拉善左旗元山子矿区镍矿详查报告》及 1∶2 万矿区综合地质图确定的,矿体延深($H_{典}$)依据控制矿体最深的 P0—P0′勘探线剖面图确定。

矿体聚集区总面积($S_{典}$)在 MapGIS 软件下读取数据计算(344 926.86km^2)。体积含矿率=查明资源储量/面积($S_{典}$)×延深($H_{典}$)=3 435.36t/(344 926.86m^2×270m)=0.000 036 89t/m^3。

典型矿床深部没有预测资源量,外围的预测资源量为 2 459.58t(表 7-5。)

表 7-5 元山子镍矿典型矿床深部及外围资源量估算一览表

典型矿床(105°36′02″,38°12′20″)		深部及外围		
已查明资源量(金属量:t)	3 435.36	深部	面积(m^2)	344 926.86
面积(m^2)	344 926.86		深度(m)	0
深度(m)	270	外围	面积(m^2)	2 459.58
品位(%)	0.38		深度(m)	270
密度(t/m^3)	2.35	预测资源量(t)		2 459.58
体积含矿率(t/m^3)	0.000 036 89	典型矿床资源总量(t)		5 894.94

(二)模型区的确定、资源量及估算参数

模型区为典型矿床所在位置的最小预测区,元山子预测工作区模型区内只有元山子镍矿,模型区延深与典型矿床一致;模型区含矿地质体面积与模型区面积一致,该区没有其他矿床、矿(化)点,模型区总资源量为典型矿床资源总量(表 7-6)。模型区面积与含矿地质体面积一致,模型区含矿系数=资源总量/(模型区总体积×含矿地质体面积参数)=0.000 001 912(t/m^3)。

表 7-6 元山子式沉积型镍矿模型区预测资源量及其估算参数表

编号	名称	模型区总资源量(金属量,t)	模型区面积(m^2)	延深(m)	含矿地质体面积(m^2)	含矿地质体面积参数	含矿地质体含矿系数(t/m^3)
A1507101001	元山子	5 894.94	11 421 830.92	270	11 421 830.92	1	0.000 001 912

(三)最小预测区预测资源量

1. 估算参数的确定

面积在 MapGIS 下,根据优选结果,结合地质、物探、化探、遥感实际资料圈定。

延深据元山子镍矿钻孔,结合元山子典型矿床为沉积(变质)型矿床的特点确定(图 7-10),元山子镍钼矿钻孔平均见矿垂深为 310m(据典型矿床 4 条勘探线钻孔见矿深度确定),最浅见矿控制垂深为 230m。

相似系数主要依据最小预测区内断裂构造的发育程度、矿化蚀变发育程度及物探、化探异常等因素,由专家确定。

2. 最小预测区预测资源量估算结果

各最小预测区预测资源量见表 7-7。

表 7-7 元山子式沉积型镍矿各预测工作区最小预测区估算成果表

最小预测区编号	最小预测区名称	$S_{预}$(km^2)	$H_{预}$(m)	Ks	K(t/m^3)	α	$Z_{预}$(t)	精度
元山子预测工作区								
A1507101001	元山子	11.42	270	1	0.000 001 912	1	2 459.58	334-1
A1507101002	木头子门 1	0.72	100	1	0.000 001 912	0.7	96.40	334-2

续表 7－7

最小预测区编号	最小预测区名称	$S_{预}$ (km^2)	$H_{预}$ (m)	Ks	K(t/m^3)	α	$Z_{预}$(t)	精度
A1507101003	木头子门 2	0.35	100	1	0.000 001 912	0.7	46.81	334－2
A1507101004	木头子门 3	0.14	50	1	0.000 001 912	0.7	9.60	334－2
B1507101001	白崖子	5.47	400	1	0.000 001 912	0.5	2 091.34	334－2
B1507101002	后石盆子梁	0.17	150	1	0.000 001 912	0.5	24.07	334－2
B1507101003	木头子门	1.88	350	1	0.000 001 912	0.5	628.16	334－2
C1507101001	大战场	2.84	300	1	0.000 001 912	0.4	652.02	334－2
C1507101002	前古城子	2.10	300	1	0.000 001 912	0.4	482.77	334－2
C1507101003	巴兴图嘎查	3.92	300	1	0.000 001 912	0.4	899.19	334－2
C1507101004	前石盆子梁	9.73	380	1	0.000 001 912	0.4	2 826.54	334－2
营盘水北预测工作区								
B1507101004	大黑梁北	6.29	390	1	0.000 001 912	0.8	3750	334－2
B1507101005	通湖山南	0.94	670	1	0.000 001 912	0.8	961	334－2
B1507101006	瑞家圈	1.01	630	1	0.000 001 912	0.8	977	334－2
C1507101005	黑疙瘩北	2.24	190	1	0.000 001 912	0.5	406	334－3
C1507101006	獐子湖北	3.49	170	1	0.000 001 912	0.5	566	334－3
C1507101007	黑疙瘩北东	8.71	340	1	0.000 001 912	0.5	2830	334－3

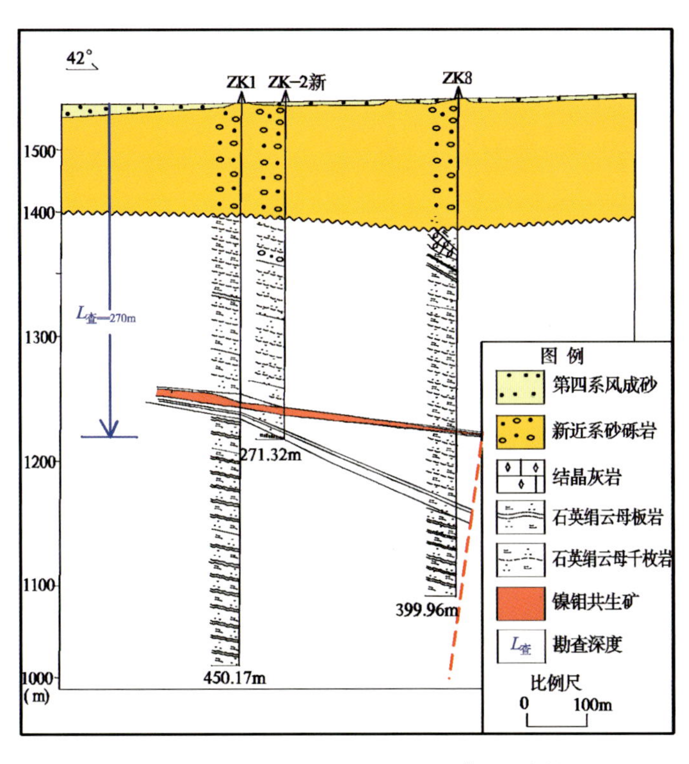

图 7－10　元山子矿区镍钼矿 P0—P0′勘探线剖面图

(四)预测工作区资源总量成果汇总

按预测工作区级别划分为A级、B级、C级;按精度分为334－1、334－2、334－3三种;按矿产预测类型统计,全为沉积(变质)型;按可利用性类别统计,全部为可利用。预测深度在500m以浅、1000m以浅,按可信度统计见表7－8。

表7－8　元山子式沉积型镍矿预测工作区资源量估算汇总表

(单位:t)

深度	精度	可利用性		可信度			预测级别	
		可利用	暂不可利用	≥0.75	≥0.5	≥0.25		
元山子预测工作区(预测总资源量10 216.49t)								
500m以浅	334－1	2 459.58	/	2 459.58	2 459.58	2 459.58	A级	2 612.39
	334－2	7 756.91	/	/	7 756.91	7 756.91	B级	2 743.57
	334－3	/	/	/	/	/	C级	4 860.53
营盘水北预测工作区(预测总资源量9490t)								
500m以浅	334－2	3750	1500	5250	5250	5250	B级	5250
	334－3	2830	972	/	3802	3802	C级	3802
1000m以浅	334－2	3750	1938	5688	5688	5688	B级	5688
	334－3	2830	972	/	3802	3802	C级	3802

第八章　内蒙古自治区镍单矿种资源总量潜力分析

第一节　镍单矿种估算资源量与资源现状对比

根据对全区现有的19个已知镍矿床(点)进行综合研究,按照全国项目办技术要求,确定了以白音胡硕镍矿(硅酸镍)、小南山镍矿、达布逊镍矿、亚干镍矿、哈拉图庙镍矿和元山子镍矿为代表的典型矿床,划分为6个矿产预测类型,共有2个预测方法类型:侵入岩体型(包括5个矿产预测类型)、沉积变质型(包括1个矿产预测类型)。本次工作共圈定单矿种最小预测区91个,预测工作区面积242.56km^2,预测资源总量607 227t(不含已探明储量233 749t),预测资源量与已探明资源量比率为2.60∶1,可利用预测资源量424 856t,占预测资源量的70%。各预测方法类型的已查明资源量、预测资源量及可利用性见表8-1。

表8-1　内蒙古自治区金矿种资源现状统计表

预测方法类型	已探明		预测资源量(t)	预测可利用性	
	储量(t)	与预测资源量对比		资源量(t)	占预测资源量比重(%)
侵入岩体型	230 314	1∶2.55	587 521	408 060	69%
沉积(变质)型	3435	1∶5.74	19 706	16 796	85%
合计	233 749	1∶2.60	607 227	424 856	70%

第二节　预测资源量潜力分析

本次工作共圈定最小预测区91个,其中A级最小预测区16个,预测资源量265 873t;B级最小预测区37个,预测资源量211 115t;C级最小预测区38个,预测资源量130 239t(图8-1,表8-2);共获得334-1级资源量189 288t,334-2级资源量53 592t,334-3级资源量364 347t(图8-2)。500m以浅各精度预测资源量606 789t,1000m以浅预测资源量607 227t,2000m以浅预测资源量607 227t(图8-3)。根据深度、当前开采经济条件、矿石可选性、外部交通水电环境等条件的可利用性,内蒙古自治区镍矿预测资源量中可利用约424 843t,不可利用约182 384t(图8-4)。按照预测方法类型进行统计,侵入岩体型镍矿预测资源量587 521t,沉积(变质)型镍矿预测资源量19 707t(图8-5)。

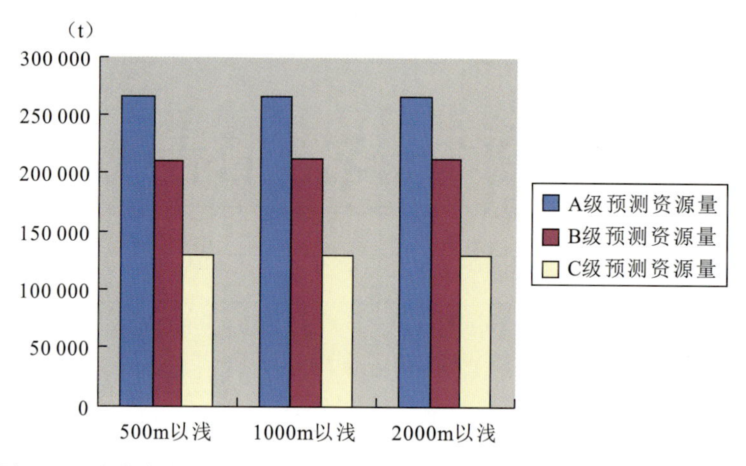

图 8-1　内蒙古自治区镍矿预测工作区预测资源量结果按级别分类汇总图

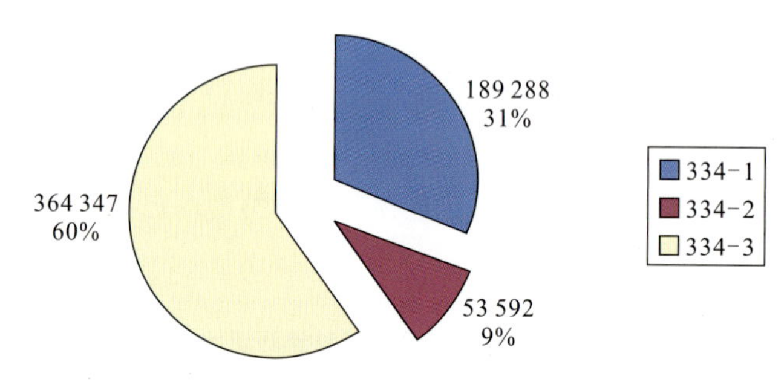

图 8-2　内蒙古自治区镍矿预测工作区预测资源量结果按精度分类汇总图(单位:t)

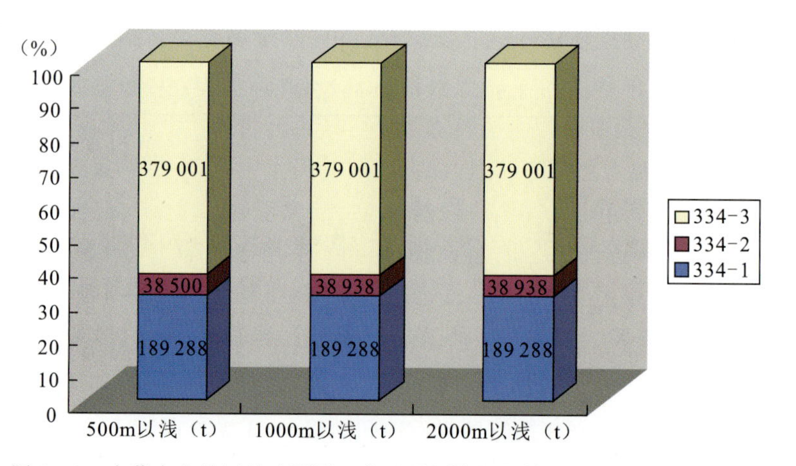

图 8-3　内蒙古自治区镍矿预测工作区预测资源量结果按深度分类汇总图

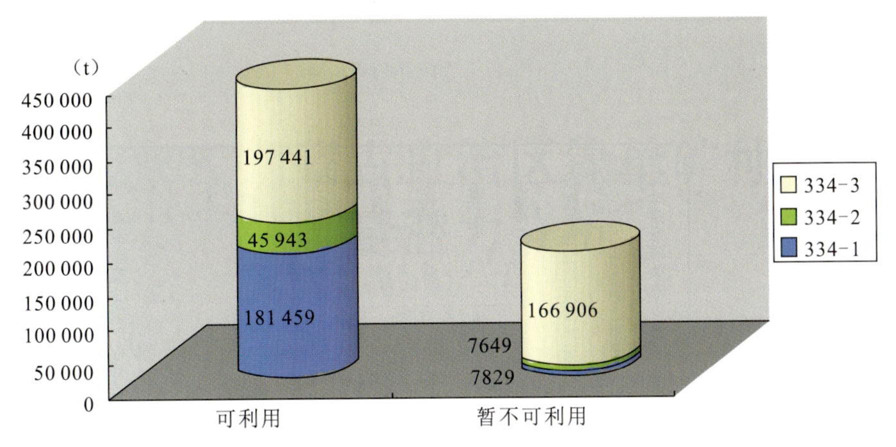

图 8-4　内蒙古自治区镍矿预测工作区预测资源量结果按可利用性分类汇总图

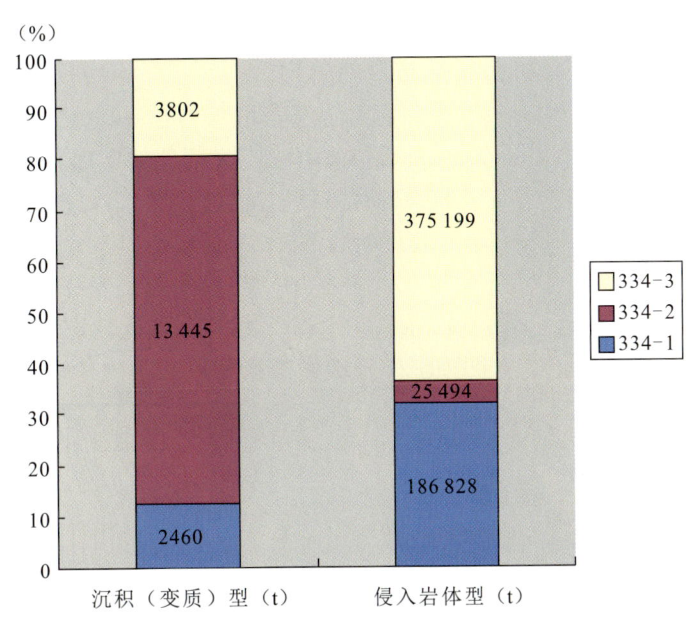

图 8-5　内蒙古自治区镍矿预测工作区预测资源量结果按预测方法类型分类汇总图

表 8-2　内蒙古自治区镍矿预测工作区资源量估算汇总表　　（单位：t）

深度	精度	可利用性		可信度			合计
		可利用	暂不可利用	≥0.75	≥0.5	≥0.25	
500m 以浅	334-1	181 459	7829	189 288	184 637	189 288	189 288
	334-2	45 943	7211	20 873	52 983	53 154	53 154
	334-3	197 441	166 906	16 772	151 618	364 347	364 347
1000m 以浅	334-1	181 459	7829	189 288	184 637	189 288	189 288
	334-2	45 943	7649	21 311	53 421	53 592	53 592
	334-3	197 441	166 906	16 772	151 618	364 347	364 347
2000m 以浅	334-1	181 459	7829	189 288	184 637	189 288	189 288
	334-2	45 943	7 649	21 311	53 421	53 592	53 592
	334-3	197 441	166 906	16 772	151 618	364 347	364 347
合计							607 227

第九章　内蒙古自治区镍矿勘查工作部署建议

一、部署原则

以镍为主，兼顾与其共(伴)生金属，以探求新的矿产地及新增资源储量为目标，开展区域矿产资源预测综合研究、重要找矿远景区矿产普查工作。

1. 开展矿产预测综合研究

以本次镍矿预测成果为基础，进一步综合区域地球化学、区域地球物理和区域遥感资料，应用成矿系列理论，进行成矿规律、矿产预测等综合研究，圈定一批找矿远景区，为矿产勘查部署提供依据。

2. 开展矿产勘查工作

依据本次镍矿预测结果，结合已发现镍矿床，进行矿产勘查工作部署。在已知矿区的外围及深部部署矿产勘探工作，在矿点和本次预测成果中的A、B级优选区相对集中的地区部署矿产详查工作，在找矿远景区内部署矿产普查工作。

二、找矿远景区工作部署建议

根据镍矿最小预测区的圈定及资源量估算结果，结合主攻矿床类型，共圈定12个找矿远景区(图9-1)。

1. 亚干镍矿找矿远景区

该远景区位于磁海-公婆泉铁、铜、金、铅、锌、钨、锡、铷、钒、铀、磷成矿带的北东段，属额济纳旗-北山弧盆系，成矿与加里东早期基性—超基性岩浆岩的侵入密切相关，具有较好的镍矿成矿地质条件。该地区由于地处边境地区，地质勘查程度较低，已知镍矿床为亚干铜镍矿。

2. 营盘水北镍矿找矿远景区

该远景区位于河西走廊铁、锰、萤石、盐、凹凸棒石成矿带，属于秦祁昆造山系。该地区发育有较大面积的寒武纪含黑色岩系地层，具有寻找沉积变质型镍钼矿的潜力。

3. 元山子镍矿找矿远景区

该远景区位于河西走廊铁、锰、萤石、盐、凹凸棒石成矿带，属于秦祁昆造山系。该地区发育有较大面积的寒武纪含黑色岩系地层，具有寻找沉积变质型镍钼矿的潜力，已知镍矿床为小型元山子镍钼矿。

4. 哈拉图庙镍矿找矿远景区

该远景区内位于东乌珠穆沁旗-嫩江(中强挤压区)铜、钼、铅、锌、金、钨、锡、铬成矿带，属于二连-贺根山蛇绿混杂岩带，镍矿的成因类型为岩浆熔离型，成矿物质主要来源于地壳深部或上地幔，受深大断裂控制，与基性—超基性岩有关，已知镍矿床为小型哈拉图庙铜镍矿。

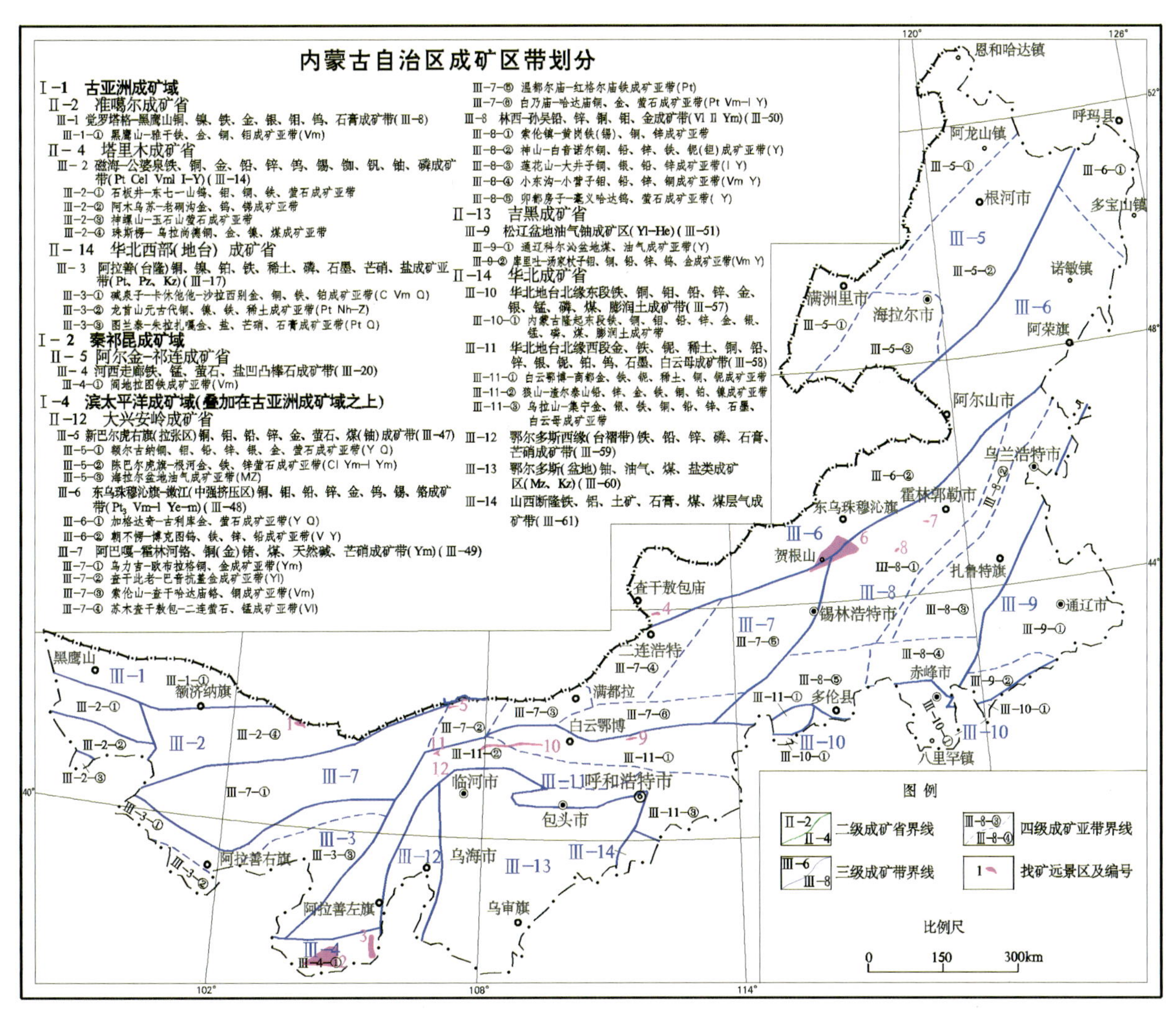

图 9-1　内蒙古自治区镍矿找矿远景区分布图

1. 亚干镍矿找矿远景区；2. 营盘水北镍矿找矿远景区；3. 元山子镍矿找矿远景区；4. 哈拉图庙镍矿找矿远景区；5. 达布逊镍矿找矿远景区；6. 白音胡硕镍矿找矿远景区；7. 霍林郭勒市西南镍矿找矿远景区；8. 阿尔善宝拉格镍矿找矿远景区；9. 小南山镍矿找矿远景区；10. 乌拉特中旗镍矿找矿远景区；11. 乌拉特后旗镍矿找矿远景区；12. 别力盖庙镍矿找矿远景区

5. 达布逊镍矿找矿远景区

该远景区位于阿巴嘎-霍林河铬、铜(金)、锗、煤、天然碱、芒硝成矿带，属于包尔汗图-温都尔庙弧盆系，区内海西中期岩体较为发育，规模大，分布广，主要由超基性岩、基性岩和酸性岩组成。超基性岩、基性岩与镍矿关系密切，找矿潜力很大。已知镍矿床为达布逊镍钴矿，其深部及外围找矿潜力极大。

6. 白音胡硕镍矿找矿远景区

该远景区位于东乌珠穆沁旗-嫩江(中强挤压区)铜、钼、铅、锌、金、钨、锡、铬成矿带朝不楞-博克图钨、铁、锌、铅成矿亚带、阿巴嘎-霍林河铬、铜(金)、锗、煤、天然碱、芒硝成矿带温都尔庙-红格尔庙铁成矿亚带与林西-孙吴铅、锌、铜、钼、金成矿带索伦镇-黄岗铁(锡)、铜、锌成矿亚带三者交会处，处在二连-贺根山蛇绿混杂岩带上，成矿地质条件十分优越。该地区是二连-贺根山蛇绿混杂岩带地表超基性岩出露面积最大的区域，区内 Ni 具高背景高异常，具有较大的镍矿（岩浆型）找矿前景，已知镍矿床有中型白音胡硕镍矿、中型珠尔很沟镍矿、小型低品位乌斯尼黑镍矿。

7. 霍林郭勒市西南镍矿找矿远景区

该远景区位于林西-孙吴铅、锌、铜、钼、金成矿带，位于二连-贺根山蛇绿混杂岩带上，寻找风化壳型、岩浆型镍矿，区内 Ni 异常值极高，具有较大的镍矿找矿前景。

8. 阿尔善宝拉格镍矿找矿远景区

该远景区位于林西-孙吴铅、锌、铜、钼、金成矿带，属于二连-贺根山蛇绿混杂岩带南缘，以寻找风化壳型镍矿为主，可以兼顾寻找与基性—超基性岩有关的岩浆型镍矿，区内 Ni 异常值极高，具有较大的镍矿找矿前景。

9. 小南山镍矿找矿远景区

该远景区位于华北地台北缘西段金、铁、铌、稀土、铜、铅、锌、银、镍、铂、钨、石墨、白云母成矿带，属于华北陆块北缘狼山-阴山陆块（大陆边缘岩浆弧），基性—超基性岩发育，成矿地质条件十分优越，有小南山铜镍多金属矿床，该矿床在深部及外围尚具有一定的找矿潜力。

10. 乌拉特中旗镍矿找矿远景区

该远景区横跨华北地台北缘西段金、铁、铌、稀土、铜、铅、锌、银、镍、铂、钨、石墨、白云母成矿带上的白云鄂博-商都金、铁、铌、稀土、铜、镍成矿亚带与狼山-渣尔泰山铅、锌、金、铁、铜、铂、镍成矿亚带，属于华北陆块北缘狼山-阴山陆块（大陆边缘岩浆弧），克布铜镍矿深部及外围尚具有一定的资源潜力。

11. 乌拉特后旗镍矿找矿远景区

该远景区位于华北地台北缘西段金、铁、铌、稀土、铜、铅、锌、银、镍、铂、钨、石墨、白云母成矿带狼山-渣尔泰山铅、锌、金、铁、铜、铂、镍成矿亚带，属于华北陆块北缘狼山-阴山陆块（大陆边缘岩浆弧），区内已知有额布图铜镍矿，在其深部及外围有一定的资源潜力；楚鲁庙矿点普查结果则显示无较大成矿前景。

12. 别力盖庙镍矿找矿远景区

该远景区位于华北地台北缘西段金、铁、铌、稀土、铜、铅、锌、银、镍、铂、钨、石墨、白云母成矿带狼山-渣尔泰山铅、锌、金、铁、铜、铂、镍成矿亚带，属于狼山-阴山陆块（大陆边缘岩浆弧），区内已知有别力盖庙铜钴镍矿，具有寻找铜金镍多金属矿床的资源潜力。

三、开发基地的划分及预测产能

依据全区矿产资源特点、地质工作程度及环境承载能力，统筹考虑全区经济、技术、安全、环境等因素，结合本次矿产资源预测结果，在综合考虑当前矿产资源分布和预测成果等因素的基础上，进行未来镍矿开发基地划分，以促进矿产资源勘查工作的科学安排和合理布局，内蒙古自治区境内共划分了 6 个镍矿资源开发基地（图 9－2）。

1. 白音胡硕镍矿开发基地

该开发基地属西乌珠穆沁旗管辖，位于西乌珠穆沁旗的东北部，属低山丘岭区到高山地区，西部地区在海拔 1000m 左右，东部地区海拔高度在 1400～1700m 左右，相差 300 多米，该区冬季寒冷，夏季炎热，气候极为干燥，气温变化极大，年蒸发量远大于年降水量，属典型的大陆性气候，区内地广人稀，交通不便，区内以牧业为主，工业不发达，水系不发育。地质工作程度较低。

大地构造位置主体处于天山-兴蒙造山系，大兴安岭弧盆系，锡林浩特岩浆弧与扎兰屯-多宝山岛弧交会处、二连-贺根山蛇绿混杂岩带上及其南缘，位于滨太平洋成矿域（叠加在古亚洲成矿域之上），大兴安岭成矿省，林西-孙吴铅、锌、铜、钼、金成矿带，索伦镇-黄岗铁（锡）、铜、锌成矿亚带上及其北缘与东乌珠穆沁旗-嫩江（中强挤压区）铜、钼、铅、锌、金、钨、锡、铬成矿带，朝不楞-博克图钨、铁、锌、铅成矿亚带交会处。成矿地质条件相对优越。

区内发现镍矿床（点）3 处，其中 2 处为中型，已探明资源储量 61 169t，本次工作预测资源量253 593t，产于超基性岩体的近地表风化壳中。

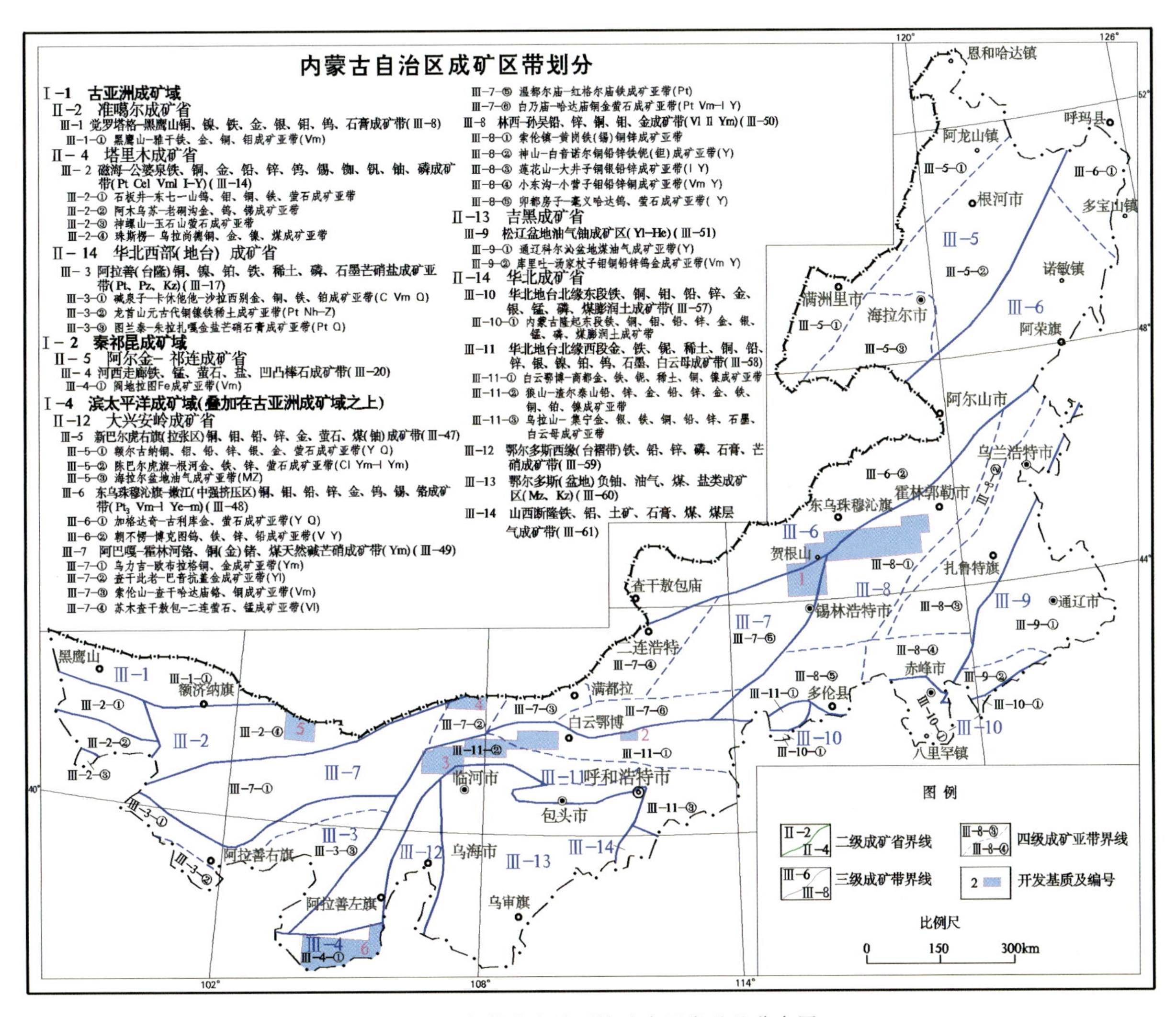

图 9-2　内蒙古自治区镍矿未开发基地分布图

1. 白音胡硕镍矿开发基地；2. 小南山镍矿开发基地；3. 额布图镍矿开发基地；4. 达布逊镍矿开发基地；5. 亚干镍矿开发基地；6. 元山子镍矿开发基地

2. 小南山镍矿开发基地

该开发基地交通较为方便，多为乡村便道，区内山势比较高陡，海拔高度在 1400～1600m 之间。夏季较热，冬季较寒冷，昼夜温差较大，春秋两季黄风肆虐，属典型的大陆性气候。区内沟谷多为北西向，地势北西高南东低，每年7～9月为雨季，蒸发量大于降水量，无常年径流，遇到大的暴雨时洪水从沟中流入南部低洼处。

区内没有进行过1∶5万区域地质调查工作，已发现的镍矿床(点)为小南山铜镍矿，已探明资源储量12 556t，本次工作预测资源量29 437t。

3. 额布图开发基地

该开发基地分属乌拉特中旗与乌拉特后旗管辖，属阴山山脉中段，北麓为丘陵沙漠区，南为河套平原。地质工作程度较低。区内岩浆活动强烈，侵入岩分布广泛，出露期次较全，古生代中晚期和印支期侵入活动最为突出。

区内已发现的镍矿床(点)4处，合计探明资源储量17 675t，本次工作预测资源量为42 086t，预测资源量均位于500m以浅。

4. 达布逊开发基地

该开发基地位于内蒙古自治区乌拉特后旗境内，靠近中蒙边界，属草原区，局部为丘陵区，经济以牧业为主，人口稀少，劳动力严重不足，道路以自然路为主，交通较为方便。

位于阿巴嘎-霍林河铬、铜(金)、锗、煤、天然碱、芒硝成矿带，大地构造位置属于包尔汗图-温都尔庙弧盆系。海西中期岩体在区内较为发育，规模大，分布广，由超基性岩、基性岩和酸性岩组成。

区内已知镍矿床为达布逊镍矿，已探明资源储量26 093.74t，本次工作预测资源量87 405..12t，预测资源量均位于500m以浅。

5. 亚干开发基地

该开发基地隶属阿拉善左旗管辖，北邻蒙古国。位于内蒙古高原西部，巴丹吉林沙漠东北缘。自西向东有都热乌拉、杭乌拉等山脉，呈近东西走向、北东向斜列。山势低缓，多为残山丘陵及荒漠戈壁。山区海拔高度多在1000～1100m间。区内无常年径流，仅有季节性洪水自北而南注入盆地中。地处荒漠戈壁，植被稀少，水源缺乏。区内无电力、通讯设施，人力缺乏，物资靠额济纳旗和阿拉善左旗供给。

大地构造位置属天山-兴蒙造山系，额济纳旗-北山弧盆系，红石山裂谷。成矿区带划分属磁海-公婆泉铁、铜、金、铅、锌、钨、锡、铷、钒、铀、磷成矿带(Ⅲ级)、珠斯楞-乌拉尚德铜、金、铅、锌成矿亚带(Ⅳ级)。

亚干铜镍矿334资源量106 800t(镍金属量)，工作程度较低，预测资源量均位于500m以浅。

6. 元山子开发基地

位于内蒙古自治区南部，毗邻宁夏回族自治区，行政区划隶属于阿拉善盟阿拉善左旗，为低山丘陵区，区内沟谷较发育，地形较复杂，涵盖了构造剥蚀堆积区、山前荒漠戈壁区、风沙区，水源欠缺。

该区出露寒武系香山群黑色岩系，含Ni、Mo等元素，受热液叠加改造及变质作用影响，在局部地段富集成矿，具有明显的层控特点。

区内已发现镍矿床(点)1处，探明资源储量3 435.36t；本次工作预测资源量30 044.46t，预测资源量均位于1000m以浅。

四、结论

项目开展的研究工作都遵循全国项目组下发的相关技术要求和技术流程，项目组、课题组均执行质量检查体系，所有的图件等均经过自检、互检和抽检，并有记录，保证了项目的整体质量。经过项目组成员的共同努力，镍单矿种预测取得了以下成果。

（1）开展了成矿地质背景的综合研究，编制了预测工作区的地质构造专题底图。

（2）开展了镍单矿种成矿规律研究工作，进行了矿产预测类型、预测方法类型的划分，圈定了预测工作区的范围。填写了典型矿床卡片，编制了典型矿床成矿要素图、成矿模式图、预测要素图和预测模型图。进行了预测工作区的成矿规律研究，编制了预测工作区的区域成矿要素图、区域成矿模式图、区域预测要素图和区域预测模型图。

（3）对全区的重力、航磁、化探、遥感、自然重砂资料进行了全面系统的收集整理，并在前人资料的基础上通过综合研究，进行了较细致的解释推断。

（4）对 10 个镍矿预测工作区进行了最小预测区的圈定和优选工作，并对每个最小预测区镍矿的资源量进行了估算。

（5）对全区的镍单矿种的预测资源量应用地质参数体积法进行了估算，并按精度、资源量级别、深度、预测方法类型等分别进行汇总，共获得镍预测资源量 607 227t（金属量）。共圈定最小预测区 91 个，其中 A 级最小预测区 16 个，预测资源量 265 873t；B 级最小预测区 37 个，预测资源量 211 115t；C 级最小预测区 38 个，预测资源量 130 239t。按资源储量级别经计，共获得 334－1 级资源量 189 288t、334－2 级资源量 53 592t、334－3 级资源量 364 347t；按深度统计，500m 以浅各精度预测资源量 606 789t、1000m 以浅预测资源量 607 227t、2000m 以浅预测资源量 607 227t；按预测类型统计，侵入岩体型镍矿预测资源量 587 521t，沉积（变质）型镍矿预测资源量 19 706t。

主要参考文献

鲍庆中，张长捷，吴之理.内蒙古乌斯尼黑蛇绿混杂岩带形成时代的地质新证据[J].地质与资源，2011，20(1)：16－20.

曹积飞，李红阳，李英杰.综合物探方法在内蒙灰山铜镍矿找矿中的应用研究[J].西北地质，2011，44(1)：77－84.

陈晋镀，武铁山.华北区区域地层[M].武汉：中国地质大学出版社，1997.

陈旺.小南山铜镍矿区及外围地质地球物理特征及其找矿方法试验研究[J].矿产与地质，1997(5)：347－352.

陈毓川，朱裕生.中国矿床成矿模式[M].北京：地质出版社，1993.

陈毓川，王登红.重要矿产预测类型划分方案[M].北京：地质出版社，2010.

陈郑辉，朱裕生，王保良，等.内蒙古主要成矿区带及其矿产资源潜力分析[J].西部资源，2005(4)：4－9.

晨辰，张志诚，郭召杰，等.内蒙古达茂旗满都拉地区早二叠世基性岩的年代学、地球化学及其地质意义[J].中国科学：(地球科学)2012，42(3)：343－358.

董青松，李志炜.中国镍矿床分类和成矿分区[J].中国矿业，2010，19(增刊)：135－137.

高宝明，宝音乌力吉，郭万良.浅析内蒙古达茂旗巴特敖包地区岗脑包超基性岩特征及其构造意义[J].西部资源，2011(1)：43－45.

郭义平，郭仁旺，贾晓芳，等.内蒙古苏尼特左旗哈拉图庙镍矿成因探讨[J].西部资源，2011(6)：90－91.

贺会邦，杨绍祥.湖南张家界市三岔镍钼矿成矿地质特征[J].中国矿业，2011，20(7)：69－73.

黄喜峰，钱壮志，吴文奎，等.贺兰山小松山基性—超基性杂岩地球化学特征[J].地球科学与环境学报，2008，30(4)：351－356.

仵康林.阿拉善地区华力西晚期花岗岩类岩石地球化学特征及其构造意义[D].西安：长安大学，2011.

江思宏，聂凤军，刘妍，等.内蒙古小南山铂-铜-镍矿区辉长岩地球化学特征及成因[J].地球学报，2003，24(2)：121－126.

李丽，王育习，李行，等.一种新构造类型的含铜镍矿化基性—超基性杂岩体[J].西北地质，2010，43(3)：47－56.

李尚林，王训练，段俊梅，等.内蒙古达茂旗胡吉尔特晚泥盆世蛇绿岩的发现及其地质意义[J].地球科学——中国地质大学学报，2012，37(1)：18－24.

刘国军，王建平.内蒙古镁铁质—超镁铁质岩型铜镍矿床成矿条件与找矿远景分析[J].地质与勘探，2004，40(1)：17－20.

刘涛，陈卫，陈伟民，等.内蒙古嘎仙镍钴矿区物探找矿方法技术组合及应用[J].矿产勘查，2011，2(6)：772－779.

吕林素，刘裙，张作衡，等.中国岩浆型 Ni－Cu－(PGE)硫化物矿床的时空分布及其地球动力学背景[J].岩石学报，2007，23(10)243－276.

马娟.内蒙古特颇格日图超基性岩特征及成矿潜力研究[D].成都：成都理工大学，2010.

孟祥化.沉积建造及其共生矿床分析[M].北京：地质出版社，1979.

内蒙古自治区地质矿产局.内蒙古自治区区域地质志[M].北京:地质出版社,1991.

内蒙古自治区地矿局.内蒙古自治区岩石地层[M].武汉:中国地质大学出版社,1996.

宁夏回族自治区地质矿产局.宁夏回族自治区区域地质志[M].北京:地质出版社,1990.

宁夏回族自治区地质矿产局.宁夏回族自治区岩石地层[M].武汉:中国地质大学出版社,1994.

裴荣富.中国矿床模式[M].北京:地质出版社,1995.

冉启胜,朱淑桢.红土型镍矿地质特征及分布规律[J].矿业工程,2010,8(3):16-17.

佘宏全,李进文,向安平,等.大兴安岭中北段原岩锆石 U-Pb 测年及其与区域构造演化关系[J].岩石学报,2012,28(2):217-240.

汤中立,任端进.中国硫化镍矿床类型及成矿模式[J].地质学报,1987,(4):68-79.

王登红,应立娟,王成辉,等.中国贵金属矿床的基本成矿规律与找矿方向[J].地学前缘,2007,14(5):71-81.

王鸿祯,刘本培,李思田.中国及邻区大地构造划分和构造发展阶段[A]//中国及邻区构造古地理和生物古地理[C].武汉:中国地质大学出版社,1990.

王瑞廷,毛景文,柯洪,等.我国西部地区镍矿资源分布规律、成矿特征及勘查方向[J].矿产与地质,2003,17(z1):266-269.

王廷印,王士政,王金荣.阿拉善地区古生代陆壳的形成和演化[M].兰州:兰州大学出版社,1994.

王廷印,王金荣,王士政.阿拉善北部恩格尔乌苏蛇绿混杂岩带的发现及其构造意义[J].兰州大学学报(自然科学版),1992,18(2):194-196.

谢成连,刘蕾,冷莹莹,等.内蒙阿右旗铁板井镍矿矿床特征及成因探讨[J].地质与勘探,2008,44(6):27-30.

杨合群,赵国斌,李英,等.新疆-甘肃-内蒙古衔接区古生代构造背景与成矿的关系[J].地质通报,2012 31(2,3):413-421.

叶敏生,张云.瞬变电磁法在内蒙古元山子镍矿勘查中的应用研究[J].宁夏工程技术,2007,6(1):54-56.

谢从瑞,校培喜,由伟丰,等.香山群的解体及地层时代的重新厘定[J].地层学杂志,2010,34(4):410-416.

赵重远.鄂尔多斯地块西缘构造演化及板块应力机制初探[A]//华北克拉通沉积盆地形成与演化及其油气赋存[M].西安:西北大学出版社,1990.

张梅,杨晓泓,刘永惠.华北陆块北缘西段成矿远景区划分与找矿方向探讨[J].西部资源,2007,(1)55-57.

周志广,张华锋,刘还林,等.内蒙中部四子王旗地区基性侵入岩锆石定年及其意义[J].岩石学报,2009,25(6):1519-1528.

主要内部资料

阿拉善盟千中元矿产品有限责任公司,包头市邦兴矿业有限公司.内蒙古自治区阿拉善左旗元山子矿区镍钼矿详查报告[R].阿拉善盟:阿拉善盟千中元矿产品有限责任公司,包头:包头市邦兴矿业有限公司,2008.

巴彦淖尔市岭原地质矿产勘查有限责任公司.内蒙古自治区乌拉特后旗别力盖庙矿区镍矿普查报告[R].巴彦淖尔:巴彦淖尔市岭原地质矿产勘查有限责任公司,2006.

额布图镍矿有限公司.内蒙古自治区乌拉特后旗额布图镍矿详查地质报告[R].巴彦淖尔:额布图镍矿有限公司,2001.

甘肃秦祁力拓矿业勘查开发有限公司.内蒙古自治区阿拉善右旗下盐-路滩-东小湖一带镍\铜矿预查报告[R].兰州:甘肃秦祁力拓矿业勘查开发有限公司,2004.

华北地质勘察局五一九大队.内蒙古自治区西乌珠穆沁旗珠尔很沟矿区镍矿详查报告[R].保定:华北地质勘察局五一九大队,2008.

内蒙古第五地质矿产勘查开发院.内蒙古自治区乌拉特中旗克布矿区镍矿详查报告[R].呼和浩特:内蒙古自治区第五地质矿产勘查开发院,2007.

内蒙古自治区百利泰矿业有限公司,山东省地质测绘院.内蒙古自治区额济纳旗独龙包地区铜镍钼矿普查报告[R].阿拉善盟:内蒙古自治区百利泰矿业有限公司,济南:山东省地质测绘院,2009.

内蒙古自治区赤峰地质矿产勘查开发院.内蒙古自治区西乌珠穆沁旗白音胡硕矿区镍矿详查报告[R].赤峰:内蒙古自治区赤峰地质矿产勘查开发院,2008.

内蒙古自治区地矿局105地质队.内蒙古自治区乌拉特中后旗克布铜钴镍矿区地质普查报告[R].呼和浩特:内蒙古自治区第五地质矿产勘查开发院,1977.

内蒙古自治区地质局103地质队.1961年7—8月普查评价报告[R].呼和浩特:内蒙古地质矿产勘查开发局,1965.内蒙古自治区地质局原204地质队.1960—1961年普查勘探报告[R].呼和浩特:内蒙古地质矿产勘查开发局,1961.

内蒙古自治区地质矿产勘查开发局,内蒙古自治区第四地质矿产勘查开发院.内蒙古自治区苏尼特左旗哈拉图庙矿区铜钴镍矿普查报告[R].呼和浩特:内蒙古自治区地质矿产勘查开发局,2005.

内蒙古自治区第二地质矿产开发院.内蒙古自治区乌拉特后旗达布逊镍钴多金属矿普查(部分详查)阶段成果[R].巴彦淖尔:内蒙古自治区第二地质矿产开发院,2010.

内蒙古自治区第四地质矿产勘查开发院.内蒙古自治区苏尼特左旗哈拉图庙矿区镍矿详查报告[R].乌兰察布:内蒙古自治区第四地质矿产勘查开发院,2010.

内蒙古自治区第五地质矿产勘查开发院.内蒙古自治区乌拉特后旗额布图镍矿资源储量核实报告[R].包头:内蒙古自治区第五地质矿产勘查开发院,2005.

内蒙古自治区国土资源厅.截至2010年底内蒙古自治区矿产资源储量表(第三册)有色金属矿产[R].呼和浩特:内蒙古自治区国土资源厅,2011.

内蒙古自治区煤田地质117勘探队.1∶5万维沟井-新井煤田详查报告[R].鄂尔多斯:内蒙古自治区煤田地质117勘探队,1965.

内蒙古自治区有色地质勘查局511队.内蒙古自治区乌拉特后旗别力盖庙矿区镍矿普查报告[R].巴彦淖尔:内蒙古自治区有色地质勘查局511队,2006.

内蒙古自治区有色地质勘查局511队.内蒙古自治区乌拉特后旗欧布拉格矿区铜矿资源储量核实报告[R].巴彦淖尔:内蒙古自治区有色地质勘查局511队,2006.

宁夏核工业地质勘查院.内蒙古自治区乌拉特后旗楚鲁庙地区镍矿普查报告[R].银川:宁夏核工业地质勘查院,2003.

宁夏回族自治区地质局区域地质调查队.1∶20万巴伦别立幅(J48 XVI)区域地质测量报告[R].银川:宁夏回族自治区地质局,1978.

宁夏回族自治区矿产地质调查院.内蒙古自治区西阿拉善左旗恩得尔台苏海-亚干一带铜金锰多金属预查续作评估报告[R].银川:宁夏回族自治区矿产地质调查院,2010.

四子王旗小南山铜镍矿业有限责任公司,内蒙古自治区第七地质矿产勘查开发院.内蒙古自治区四子王旗土脑包矿区镍矿详查报告[R].乌兰察布:四子王旗小南山铜镍矿业有限责任公司,呼和浩特:内蒙古自治区第七地质矿产勘查开发院,2010.

银川高新区石金矿业有限公司.内蒙古自治区阿拉善左旗元山子地区镍矿普查报告[R].银川:银川高新区石金矿业有限公司2003.